パパは脳研究者 子どもを育てる脳科学

大腦專家
親身實證的
早期教養法

讀懂0—4歲的嬰語、情緒與行為，

讓父母用腦科學幸福育兒

池谷裕二 著

吳怡文 譯

前言

我獨特的育兒觀點

婚後十一年終於有了孩子，對從以前開始就很喜歡跟小孩玩的我來說，大女兒真是讓人期盼許久的孩子。身為大腦研究者的我，讀過許多研究嬰兒大腦如何成長的學術論文，因此，從女兒誕生那天開始，我就非常享受育兒這件事。

本書記錄了一位父親，同時也是大腦研究者的我養育孩子的艱辛過程。在女兒四歲之前，我每個月都整理出自己的小發現。這本書不僅是我個人的育兒紀錄，也是一本思考如何透過大腦的成長，讓大腦發揮功能的書籍。除了尚在養育孩子的父母，我希望其他人也可以因此對大腦產生興趣。

現實生活中，孩子的發展當然無法和書上寫的完全一致，而且，每個孩子也各自有其不同的個性。我的女兒時而出現教科書所描述的成長，有時又展現出與想像截然不同的發展，每一天都讓我大感驚訝和佩服。嬰兒從出生的那個瞬間開始快速發育，很快就衝進了這個世界。面對這個事實，最先感到驚慌失措的，就是大人那已然完全成熟，且對時間的緩慢流逝相當習慣的遲鈍大腦。

於是，大人偶爾也會感到不安：該如何和這孩子相處最好——。煩惱的同時，孩子也不斷成長。父母很想在還來得及的時候，趕快想出辦法——。

理所當然的，父母一定會思考孩子的未來，所以很容易就會出現「希望孩子可以……」、「希望孩子能成為……」的想法。

但這種態度未必正確。因為這樣只是把父母的想法一廂情願地套在孩子身上。俗話說的「好孩子」，指的似乎多半是「聽父母話的好孩子」，或是「大人覺得比較好帶的孩子」。但用這樣的方法來養育孩子，稱得上是真正的「教育」嗎？

孩子並不是為了實現父母的願望而存在的木偶，也不是為了讓父母滿足自己而存在的代理人。我認為真正的教養並非「按照父母的期望來養育孩子」，而是要引導他們成為「即使父母不在身邊，也能夠表現很好的孩子」。不是要把他們養育成依賴父母的孩子，而是要讓其成長為不需要父母的孩子。

父母終究只須扮演輔助的角色，盡其所能地幫助孩子，這就是教養的核心。這些崇高的理想說起來當然很簡單，難的是在每一天的育兒過程中貫徹這個信念。

在大女兒的三歲生日前夕，我又有了第二個女兒。這是我第一次養育第一個孩子，也是第一次養育第二個孩子，理想和現實的差距又更大了。記得有人說過，養育第一個孩子是在手忙腳亂的同時不斷試錯、修正，最後得到一個「失敗的成品」，面對「第二個孩子」雖然幹勁十足，但因為沒有足夠的時間同時照顧兩個孩子，所以第二個就成了「偷工減料的作品」。這雖然是幽默的玩笑[1]，卻也徹底說明了「正確教養」的困難。

不像考駕照是在駕訓班充分練習之後，才前往考場，所有的父母都是初學者，都是在尚未做好準備的狀況下，就要開始養育子女。

同時，養兒育女也是一場長期抗戰，若想每個細節都面面俱到，只會讓自己筋疲力竭。孩子沒辦法選擇父母，父母也無法選擇子女，但人是會改變的，一旦孩子有所成長，父母也會因為養育子女而得以成長。

教養究竟是怎麼一回事？對大腦來說，「成長」又意味著什麼？成長中的大腦如何運作？價值觀如何形成、如何變化、如何變得多樣化？所謂的個性又是什麼？

仔細思索過這些問題之後，我們的日常生活又會出現新的立足點，看待世界的方法也會有所轉變，這才是育兒和腦科學相互融合的奧妙趣味。看著嬰兒大腦的成長，我才發現自己的大腦竟是如此的不可思議。吃飯、上廁所、綻放笑顏、對話、嫉妒……，平常很自然就能做到的事，絕非理所當然，那都是大腦迴路創造的奇蹟。誠摯希望各位讀者可以從這個觀點來閱讀本書。

本書根據我每個月為《COOYON》月刊寫的女兒成長日記「讓身為大腦研究者的爸爸苦惱萬分的養兒育女」專欄，經過大幅改寫、輯結而成。為了將育兒過程更生動地傳遞給各位，我在原有文章之外，還添加了許多其他內容。在此，我要感謝COOYON編輯部的所有成員，仔細協助我進行如此繁瑣的編輯作業。

最後，我由衷感謝與我一起享受育兒之樂的妻子，以及為我帶來許多美好體驗的兩個女兒。謝謝！

二〇一七年夏　池谷裕二

註釋

❶子女不是父母的「作品」。養育子女是「人」對「人」的平等溝通。

目次

Chapter 3
兩—三歲
用身體、語言來溝通！

Chapter 4
三—四歲
獨立自主，展現自我

〔註〕這本書記錄了我透過大女兒的成長感受到的事。每個孩子的成長過程都不一樣，我女兒的成長，有早於平均狀況的部分，也有晚於平均狀況的地方，每種能力的發展進度都不盡相同。但因本書是成長紀錄，迫不得已只好將焦點集中在早於平均狀況的部分（也就是說，我會寫出「最近，她開始會做這件事了！」這樣的話）。或許就是因為如此，最近我回頭閱讀這些文章，覺得二女兒的成長非常緩慢。每個人都有其個性，有差異也是理所當然的，我寫這些文章，並不是要鼓勵大家針對每一個小孩去做比較。面對孩子的成長，不用太神經質，請大家用開明的態度來守護他們。

Chapter 1

〇—一歲

嬰兒的大腦比爸爸的更聰明！

一歲前孩子的大腦發育過程

三歲時，人類與生俱來的腦神經細胞數會隨著成長環境和刺激，減少至原有的三成。從出生那瞬間開始，嬰兒就要學習如何在這個世界生存下來，並加以適應。正因為如此，短短幾天內，不管是大腦或身體都會有明顯成長，其速度和複雜程度遠遠超乎大人。

我家孩子的成長

- 不想輸給催產素和母乳！ P12
- 孩子的成長當然都不一樣 P17
- 爸爸的聲音會高八度！ P21
- 什麼東西都要放進嘴裡 P27

1個月　2個月　3個月　4個月

一般發展過程

（參照厚生勞動省發行之「母子健康手冊」）

- 脖子長硬了
- 一逗就會笑
- 從看不見的方向跟他說話，就會轉到那個方向……

- 會翻身
- 能夠一個人坐著
- 可以伸手抓玩具
- 會發出宛如向家人講話般的聲音
- 一聽到聲音就會馬上轉向聲音的來源
- 開始吃離乳食品……

- 開始爬行
- 可以抓著東西站立
- 可以用手指抓小東西
- 會一個人玩
- 即使用很小的聲音叫他，也會轉過頭來
- 會跟在別人身後爬行……

- 可以扶著東西走路
- 可以比出再見或問好的手勢
- 可以配合音樂擺動身體
- 了解大人說的簡單招呼語（如：「過來」）
- 會朝著別人手指的方向看
- 會因為有人陪他玩而開心……等

一個月

不想輸給催產素和母乳！

愛因為催產素而湧現

二〇一三年三月，我的大女兒誕生了。首先，讓我大感驚訝的是妻子的改變[2]。我原本就喜歡小孩，也自信比妻子更喜歡孩子。所以我一直認為，照顧小孩是我的工作。但女兒出生之後，妻子會一邊幫女兒哺乳，一邊不斷地說「好可愛啊！」我對妻子的行為感到非常新鮮，也深受感動，同時也認為「這都是因為大腦分泌催產素的關係啊」（笑）。

催產素會在生產時大量分泌[3]，它是幫助子宮收縮的荷爾蒙，也是大家所熟悉的陣痛促進劑。而且，不只是子宮，催產素也會對大腦發生作用，它會讓你完全相信對方，是會讓人投注愛情的荷爾蒙。

比方說，如果鼻子被人噴了催產素，你就會相信眼前這個人，就算對方要求你簽下對你不利的合約，你也會馬上簽名[4]。在催產素效用消失的瞬間，你會想「我為什麼要簽名？」不過，一旦又被噴上催產素，就算認為那是對自己不利的合約書，還是會再度簽上名字。你會相信對方，或是為他赴湯蹈火，催產素就是這樣的一種荷爾蒙。

生產時大量分泌催產素的母親，看到自己生下的嬰兒，很自然的就會出現「不管做什麼樣犧牲，我都要保護這孩子」的心情。生完小孩後，哺乳時也會分泌很多催產素。所以，每次哺乳，母親對孩子的愛就會更加強烈，即使沒有人教，大腦也已經這樣設定好了，這件事以生物學的角度來看非常有趣。現在，妻子對女兒的愛幾乎超過我了，都是因為催產素的關係，害我瞬間被妻子冷落，好不甘心啊（笑）。

哺乳是最初的溝通

女兒還沒出生前，我就公開宣稱要當一個「奶爸」，也比以前提早下班；女兒出生後，只要我在家，就不讓妻子換尿布。而且，幫孩子洗澡、唱搖籃曲哄她睡覺的人也是我。因為太認真照顧孩子了，結果被妻子斥責：其他的家事多做一點吧……（笑）。我這個父親可能突然變得太自以為是，也太逞強了。不過，照顧小孩真的很開心，沒有參與的男性真的是虧大了，因為，這件事實在太有趣了。

妻子很順利地分泌出大量母乳。可能有很多母親都因無法分泌母乳而煩惱，我嬰兒時期，幾乎都是喝配方奶，倒也平安無事地長大了。

嬰兒可以一邊吸著母乳，一邊呼吸，這並非理所當然，對人類來說，這其實很不可思議，因為大人用吸管喝果汁時，並無法呼吸。而小嬰兒之所以能夠在用鼻子呼吸的同時，還用嘴巴吸吮母乳，乃是因為在咽頭上面的氣管和食道分別發揮了不同功用。這是為了讓母乳只能進入食道，不會進入氣管而導致窒息的重要防禦機制。

事實上，以呼吸系統的進化來說，嬰兒和猴子一樣，猴子也可以同時吃東西和呼吸。但是，為了發出聲音，人類在出生三至四個月後，咽頭就會下降。為了巧妙調整空氣的流動、自在發聲，就必須讓咽頭下降，而這也是人類與猴子的關鍵性差別。因為新生兒還不太會吞嚥，為了避免吸母乳時出差錯，必須像猴子一樣，讓咽頭維持在高一點的地方。在人類漫長的一生中，一邊吸吮母乳一邊呼吸的模樣，是只有在嬰兒期才能看到的珍貴瞬間，實在非常奧妙[5]。

看了妻子為女兒哺乳的模樣，讓我再次確認一件事：哺乳是一種溝通。

雖然嬰兒擁有一邊吸奶、一邊呼吸的能力，但事實上，他們並非持續不斷地吸吮。出生後一個月左右，大約吸三十秒，休息十五秒，至於原因……是因為嬰兒不吸的時候，媽媽很自然地就會搖晃他們。不只是母乳，即使喝的是奶瓶中的配方奶，媽媽也一樣會晃動奶瓶。持續搖晃幾秒之後，嬰兒會開始繼續吸吮。如果不加搖晃，嬰兒就需要花多一點時間才會再度吸吮。嬰兒會常常停下來，等待母親的反應，如果母親在嬰兒吸吮時故意搖晃他，嬰兒就會停止吸吮，這就是一種溝通。

大人的對話也一樣，別人說話時，我們就必須停止發言，聽對方說話；自己說話時，對方也會安靜聆聽。雖然還很原始，但哺乳和大人的對話是一樣的道理。這讓我再次體認到，「哺乳」就是溝通最初始的型態[6]。

嬰兒兩個月大時，就會變成吸吮十五秒後休息七至八秒，交互作用的步調稍微變快了。而母親不搖晃嬰兒時，他們會發出「啊」的聲音，表示「跟我玩！」。

小故事

我會玩一種繞著女兒的床鋪打轉、和女兒對視的遊戲。當女兒看著我時，我會非常開心[7]，真是「傻父母」啊（笑）。

註釋

② 懷孕和生產會讓女性的大腦與身體發生極大變化，細節請參閱第三十二頁。

③ 參考文獻：Gimpl G, Fahrenholz F. The oxytocin receptor system: structure, function, and regulation. Physiol Rey, 81:629-683, 2001.

④ 參考文獻：Kosfeld M, Heinrichs M, Zak PJ, Fischbacher U, Fehr E. Oxytocin increases trust in humans. Nature, 435:673-676, 2005. 催產素是區別對方是否是自己「同伴」的荷爾蒙。相異於體內自然分泌的催產素，把它噴在鼻子上後，在發生作用的極短時間內，會將不認識的人當作自己的「同伴」。

⑤ 進一步說明，能夠利用唇部或顎部等嘴巴「周邊」來感覺味道，也是這個時期特有的能力。大人利用嘴巴內的舌頭來感覺味道，但嬰兒可以（像鯉魚或鯰魚一樣）利用嘴巴外的皮膚感覺味道。這也是為什麼他們能夠很快找到乳房。

⑥ 哺乳這個媽媽的溝通方式，從一開始就是雙向的。很遺憾的，爸爸的溝通，包括看著嬰兒、讓玩具發出聲音、跟嬰兒說話等等，從一開始都只能是「發出訊息」這種單向溝通。不過即使如此，也是打造溝通基礎不可或缺的動作。

⑦ 對嬰兒來說也一樣。根據大腦研究報告，就算是出生後二至五天的嬰兒，也可以辨別雙方是否在對視，在出生後四個月前，他們會很明顯地開始喜歡和父母對視。順帶一提，懷孕二十五週（剛開始可以感受到胎動的時候）的胎兒會喜歡和臉類似的形狀。也就是說，對「臉」的喜愛，和出生後的視覺經驗無關，而是出生時就具備了（參考文獻１：Farroni T, Csibra G, Simon F, Johnson MH, Eye contact detection in humans from birth. Proc Natl Acad Sci U S A, 99:9602-9605, 2002. 參考文獻２：Reid VM, Dunn K, Young RJ, Amu J, Donovan T, Reissland, The human fetus preferentially engages with face-like visual stimuli. Curr Biol, in press, 2017.）。

兩個月

孩子的成長當然都不一樣

每一句「喃語」都要加以回應

這個時候會慢慢學會「啊」、「嗚」等母音發音。這是學講話的開始，又稱「喃語」（Kooing）。當嬰兒發出「啊」等喃語時，父母要同樣以「啊」來回應，這件事對溝通和語言能力的發展非常重要[8]。我每一次都會加以回應，不，就算沒有特別意識到這件事，也是很自然地就會予以回應（笑）。

剛開始，嬰兒沒有發現這個「啊」是自己發出來的聲音，但慢慢地就會知道。三至四個月時，當他們聽到父母的回應，就會注意到「媽媽在模仿自己的聲音」，然後，會突然很真切地感受到，父母正在和自己溝通。大家都說孩子出生三個月後，會變得越來越可愛，也是因為這樣的變化。

最近有件事讓我覺得很不妙。因為女兒出生前後，我盡量不排太多工作，但現在我得付出代價了。

當我因為出差而一個禮拜沒有見到女兒時，我可以很清楚地感受到，她的聲音和表情都變得更加豐富，也更會笑了，而且會做的事情也不一樣了，她會想要伸手去拿眼前的東西。但是，當我相隔許久、很開心地回到家後，她會很疑惑地看著我：「這人是誰？」啊，真希望她能把我記得清楚一點（淚）。

當了爸爸之後，擔心的事也變多了……

女兒雖然可以將進入視野的自己的手或四周的東西，轉成視覺資訊送到大腦，但她還不知道那是「自己的手」或「物體」。這個時期，自己的身體運動和五感在大腦中並不一致。

所以，為了讓她知道這件事，我每天都努力跟她說「看到了嗎，這是妳的手」、「這樣就可以抓起來了喔」。當然，如果大腦沒有相對應的發展，就不會有任何效果（笑）。我以前就提出「不教養的爸爸」宣言，主張不要從很小的時候就開始勉強教孩子算數和國字，但我這個樣子又該怎麼解釋呢……？

女兒到現在還殘留著一點「莫羅反射」（Moro Reflex[9]），這是大腦迴路成熟過程中的一種暫時性反射。亦即大腦的每一個零件都互相連結，迴路開始連動的時候，身體也會自己動了起來。從新生兒到出生三個月左右都有這個現象，之後就會消失，可以慢慢地開始做細微的動作，但我認為女兒的莫羅反射似乎稍微多了一點。

此外，我也發現了一些事。妻子經常和她的媽媽朋友碰面，也經常參加地方政府辦的育兒研習會，觀察別家小孩的成長。結果，其他的媽媽跟她說：「妳家孩子膚色有點黑呢」、「才兩個月而已，長這麼大！」

在我有孩子之前，當有人因為在意孩子的成長狀況而來諮詢時，我都會很不屑地跟他說：「不用在意這些事啦。」但是前幾天，當妻子把幾個朋友的小寶寶排在一起的照片拿給我看時，我確實有些介意我家孩子的個頭大了一點、膚色也黑了一點（笑）。不希望她特別優秀，但至少要「和大家一樣」，這個願望或許是每個為人父母者都很難避免的。

孩子的成長狀況差距超過一年的也不罕見．所以，去在意那一兩個月的差異沒有什麼意義。雖然我腦袋裡這麼想，但確實還是有些在意（笑）。和這個孩子相比，我家孩子的頭髮少了那麼一點……。

小・故・事

我家女兒真的超會睡。
今天早上我出門時，她還在睡。
如果她醒著就可以一起玩了。
啊，真希望她多陪陪我（笑）。

註釋

8 「回應」嬰兒的喃語是大人的責任。短時間內可能會是單方面的，但像這樣一步一腳印地不斷累積，便可以打造出溝通與最重要的信賴關係的基礎。照顧子女時，不該看向別處或滑手機。

9 莫羅反射（由奧地利的莫羅醫師〔Ernst Moro〕發現）是原始反射之一，它指的是洗澡或聽到很大的聲響時，嬰兒會宛如緊抱什麼東西似的，張開雙手往上舉的模樣，這是大腦皮質的神經細胞因為大規模的同時行動所造成的。這是大腦迴路尚未成熟，無法根據不同功能仔細劃分，所以大腦整體一起反應，出現類似「痙攣」的單純反射現象（參考文獻：Goldstein K, Landis C, Hunt WA, Clarke FM. Moro reflex and startle pattern. Arch Neurol Psychiat 40:322-327, 1938.）。

三個月

爸爸的聲音會高八度！

控制身體，讓自己可以真正看到東西

最近，女兒會對著自己看到的東西伸出手。從大腦的發育來看，這是「視覺和觸覺的訊息可以統合之後，大腦根據這些訊息，發出活動身體（手腕的動作）的指令，所以能夠觸摸看到的東西」。此外，當我叫她的名字、發出聲音時，她也會把視線轉向我這裡，這個狀況就是「視覺和聽覺統合之後，可以更精準地控制身體運動（脖子的動作）」。

像這種五感並非各自運作，而是互相連動、整體相互協調的狀況，以專業術語來說就是「感覺統合表現」（Cross Modal Performance[10]）。「觸摸看到的東西」等動作，乍看之下非常單純，但事實上，這個將來自不同感覺系統的訊息加以整合的工作，對大腦來說非常困難[11]，主要是由額葉（Frontal Lobe）在執行[12]。

「看得見」這種感覺，光是眼睛看得到是無法成立的。必須經歷過「眼睛看到的東西，因為自己身體的移動而出現變化」（比方說，「近的東西看起來比較大，遠的東西看起來比較小」這種「視野」的變化）這個過程，才是真正的「看到」。

不久之前，女兒的眼睛會追著移動的東西看，這只是視線的反射性動作，這種反射只適用於視覺。但是，像這次一樣，想「伸手」觸摸看到的東西，則可解釋成「能用自己的手去拿看到的東西」。更直接的說，她的大腦開始注意到「這是三次元的世界」，也就是說她已經了解這個世界真正的模樣。

這個變化的革命性意義，遠遠超乎我們這些大人的想像。因為，眼睛的視網膜（被投射光線的眼底螢幕）是二次元的，也就是說，傳送到大腦的訊息，全是二次元的視覺訊息。但女兒發現這些二次元訊息都是由三次元訊息壓縮而成，自己不能就這麼囫圇吞棗地接收。於是，她慢慢學會從二次元訊息解讀「原本是三次元的訊息」，並在大腦內加以復原[13]。

在從「看得見的能力」來學習的過程中，視野中有一個「基準點（不動點）」，那是什麼呢？就是自己的「鼻子」。不管脖子如何轉動，都可以看到鼻子在眼睛前方。嬰兒將自己的鼻子當作絕對性空間座標的原點，以此作為參考，理解如何觀看眼前正在移動的世界。

活動自己的手，把它移到自己看得到的位置，或是將手指拿近自己的臉、加以觸摸，都是這個訓練的一環。就這樣，當臉部肌膚出現觸覺之後，身體運動和觸覺等各式各樣的感覺，就會開始和視覺連動。嬰兒透過使用自己身體的經驗，慢慢了解光線所傳達的「視覺」的意義，亦即世界真正的模樣。

不敢相信自己竟會這個樣子！

我在家的時候，會幫女兒換尿布、洗澡，這一點從女兒出生到現在都沒有變。要幫女兒換尿布時，她就會綻放開心的笑顏。但她似乎很不喜歡洗澡後要清潔鼻子和耳朵，因為洗好澡後，她臉上會出現一種微妙的表情，彷彿有不好的預感。

這就是她開始形成記得順序和規則的「程序記憶」（Procedural Memory）的證據。她將從浴室來到客廳之後就要清潔耳鼻的「順序」，和場所、時間相互連結，很自然地就記住了。此外，學會「爸爸媽媽出現某種表情時，就是被稱讚（或是責備）的前兆」這種訊息，也是一種預測式的程序。

回到剛剛的話題，我曾在已經可以進行「感覺統合表現」的女兒面前，做過一件很丟臉的事。

孩子出生前，看到用嬰兒語跟孩子說話的那些爸爸時，我曾跟妻子說：「真不敢相信，竟然發出這麼嗲的聲音！我絕對不會這樣。」但是，當我看到妻子幫我和女兒拍的影片時，我發現自己用比平常高了八度的聲音對女兒說：「好可愛啊！」、「妳會〇〇〇了耶」（笑）。為了教她正確說話，我一直提醒自己要避免用跟嬰兒一樣的發音方式，但無意識這件事真的太可怕了。

在此，為了替我自己辯解，我要補充一段說明。大人跟嬰兒說話時，音調會提高是很自然的事，不管男女老幼都會提高音調對嬰幼兒說話的這種傾向稱為「媽媽語」（Motherese），是全球性的普遍現象。因為用很高的音調說話，嬰幼兒會比較容易出現反應[14]，我真的很容易被女兒牽著鼻子走（笑）。

對了，前幾天，我在電梯中碰到住在同一棟大樓隔壁的父女。那位父親一邊說「好可愛唷」，一邊逗弄我女兒。看到父親的舉動，站在一旁的十歲女兒說「爸爸好噁心喔」，這大概是她第一次看到自己的爸爸做這種事吧（笑）。

・小・故・事・

女兒經常看著家中的紅色金魚擺飾。

常聽人家說，嬰兒喜歡紅色的東西，但最近又有論文提到，某個特定年紀的嬰兒喜歡金色⑮。

人最喜歡的果然還是錢……。

註釋

⑩參考文獻：Ettlinger G, Wilson WA. Cross-modal performance: behavioural processes, phylogenetic considerations and neural mechanisms. Behav Brain Res, 40:169-192, 1990.

⑪在第二個月，就算「看得到玩具」（視覺）或「聽得到聲音」（聽覺），也不知道是「眼前看到的玩具在發出聲音」（視覺＋聽覺）。

⑫參考文獻：Fuster, JM, Bodner, M, Kroger, JK. Cross-modal and cross-temporal association in neurons of frontal cortex. Nature, 405:347-351, 2000.

⑬比方說，映照在視網膜的上下訊息，有可能是在物理空間中確實呈現上下關係，也可能是遠近被投影出的「上下」，因為遠的東西常常會映照在視野的上方。如果無法像這樣正確回推訊息，復原到原本的三次元世界，就無法「看到」。關於「看到」的運作機制，請參閱第二八〇頁的詳細說明。

⑭ 參考文獻：Fernald A. Four-month-old infants prefer to listen to motherese. Infant Behav Dev, 8:181-195, 1985. 所謂「Motherese」指的就是「媽媽語」。

⑮ 參考文獻：Yang J, Kanazawa S, Yamaguchi MK. Can Infants Tell the Difference between Gold and Yellow? PLoS One, 8:e67535, 2013.

四個月

什麼東西都要放進嘴裡

玩搔癢，確認孩子的發展狀況

女兒長出了第一顆牙齒，在下排前方，睡覺時也開始會翻身了。不久之前，她學會從趴睡翻身換成仰睡，但還不會從仰睡翻身換成趴睡。

第一次看到女兒睡覺時翻身，真的非常開心。但相對的，我也有了擔心她睡覺時會從床上掉下來的新煩惱。還沒學會在睡覺時翻身的女兒，似乎很滿意她那窄小的床鋪，然而學會翻身之後，她彷彿馬上有了「想擴大活動範圍！」的欲望。我把她從床上放到地板上時，她就像是被解放一般，開心地到處翻滾，讓我的視線更無法離開她。

我從以前開始就經常和女兒玩搔癢遊戲，但這個時期，她似乎變得不喜歡我在她腹部周圍搔癢。我幫女兒搔癢，不單是在跟她玩，也是在確認她大腦和身體的發展狀況[16]。

嬰兒剛出生時，並不知道自己身體的樣貌。在他腹部搔癢，他就扭動腹部，這證明了他正在了解自己的腹部位於全身的哪個位置。但是，腳被搔癢時，他還不懂得要把腳縮回去。被人家搔癢那種癢癢毛毛的感覺似乎不太舒服，但嬰兒為什麼會怕癢？他似乎還不知道這種感覺是從身體哪個部位產生的。話雖如此，因為女兒最近經常摸她自己的腳，我想她應該很快就會認識自己的腳，搔她癢時，也會把腳縮回去了[17]。

認識身體，就是認識自己「身體的輪廓」。這是區別自己和其他東西，亦即了解自己和他人界線的第一步。就這樣，嬰兒一邊區別自我和他人，一邊清楚確認「自己」的存在這件事。

除了自己和他人的區別，女兒也開始可以辨別她看到的東西。她似乎已經知道在她眼前的是杯子還是奶瓶。如果是奶瓶，她就會綻放開心的笑容，看到杯子時，則沒有什麼特別的反應。

現在，她什麼東西都會放進嘴裡吃看看[18]。前幾天，她還想把遠比自己的臉還大的布偶放進嘴巴裡（笑）。因為她就是這樣什麼都要放進嘴裡，偶爾也會拉肚子，但我認為必須適度加強她對細菌和病毒的抵抗力，所以會盡量讓自己不要變得太神經質。

昨天，在浴室裡，女兒把臉泡入浴缸的水裡，喝了幾口。看到女兒的動作，我心想：「咦，連熱水也要喝看看嗎?!」但熱水的味道對她來說似乎還是差了一點，她也就喝過那麼一次（笑）。

要更加感謝孩子！

前幾天，我第一次帶女兒回老家。當時，女兒雖然還不到會害羞的時期，但相隔許久再次看到我的父母，她有點驚嚇。她應該已經知道他們是「和爸爸媽媽不一樣的人」[19]。

在老家和我一起玩的時候，女兒會很開心地發出尖叫聲。看到這景象，我母親說了一句「好像是女兒在陪爸爸玩」，的確如此（汗）。有了孩子之後，大家都說「養兒方知父母恩」，終於可以了解父母的辛勞。但我覺得事情應該反過來，因為我知道孩子是可以讓父母感受到極大幸福的禮物。「小時候，我應該也帶給媽媽很多快樂吧，要謝謝我喔（笑）。」當然，這只是親子間的幼稚對話。可以像這樣跨世代溝通的父母至今依然身強體健，是我的另一個幸福。

即使如此，女兒的每一個動作都還是牽動著我的一喜一憂。前幾天，我播放古典音樂時，女兒馬上安靜下來，這時我突然發現自己心裡正在想著「將來可能是個音樂家」……。我嘲笑自己：你怎麼也在想這個？但就因為我為人父母，所以實在改不掉啊（笑）。

小故事

我特意讓女兒開始上托兒所，一週三次。老實說，我不知道早一點讓小孩上托兒所會不會比較好，但我想告訴她「我們的家並不是全世界」，我希望女兒除了父母自以為是的價值觀之外，也可以接觸各種不同人的價值觀。

註釋

⑯ 參考文獻：Ishiyama S, Brecht, M. Neural correlates of ticklishness in the rat somatosensory cortex. Science, 354:757-760, 2016.

⑰ 我們之所以可以「在摸到的瞬間，感受到摸到的觸覺」，乃是大腦根據經驗回溯修正，讓我們有這樣的認知。因為在身體感受到的觸覺傳到大腦之前，神經纖維便傳達了這個訊息，產生傳導的時間遲延（Time Lag），而大腦則修正這個時間遲延。當身體變大，時間差也會跟著增加，所以在成長的同時，大腦也會很

自然的進行時間的修正。雖然本人很難發現，但事實上，發育中的大腦正在執行複雜的資訊處理作業。

⑱ 女兒會舔自己的拳頭或手指，證明她已經把注意力轉移到自己以外的東西。這個時期的嬰兒，學習一體感的對象會拓展到「自己」和「父母」以外的東西，也會開始對娃娃和布偶感興趣。這種現象稱為過渡性現象（Transitional Phenomena），是從父母身邊獨立的第一步。

⑲ 孩子從兩個月大開始，就會發現「母親就是母親」這種不變的「同一性」（Identity），而且父親和母親是不同的人。四個月大時，他們開始可以理解真實的臉和照片上的臉不一樣。而在一歲半左右，則開始可以分辨照片和鏡子中的自己都是自己。

Column 01

進一步了解！

大人的大腦發育專欄

懷孕這個「珍奇事件」

懷孕是很不可思議的現象。放眼全球，大部分成人女性一生中都會懷孕一次。以這個角度來說，懷孕絕對不是什麼罕見的行為。但是，以生物學來說，確實是奇妙的現象。

運用子宮和胎盤來培育胎兒的「哺乳類」，是地球上的珍奇動物[20]。鱷魚、麻雀、青蛙、鮭魚、螳螂……幾乎都會產卵。

一聽到卵這個字，或許大家腦海中會浮現非常熟悉的食材——雞蛋，很多人都會想像它有硬殼。但這裡說的卵例外，幾乎所有的卵都被羊膜或漿膜（Serosa）等胚膜包裹著，且非常柔軟。因為沒有可以對抗乾燥的硬殼，所以產卵的地方主要都在水中或地面下等潮濕環境。

鴨嘴獸等所謂的「卵生哺乳類」的卵也沒有殼，所以牠們會在河邊孵卵。卵生哺乳類被認為是最原始的哺乳類，最早的哺乳類應該像鴨嘴獸一樣會產卵。但是，一億兩千五百萬年前，改成了在母體內充分發育之後才排出體外，亦即「懷孕・生產」，而非在體外讓卵孵化。

懷孕有兩個很大的好處。其中之一就是可以對抗乾燥的環境（這一點和硬卵殼一樣），另一點就是可以經由胎盤持續補給營養。如果是卵生，胎兒只能靠著產卵時卵中所包含的營養，成長到能夠孵化的階段（所以蛋黃才會這麼大）。也就是說，產卵會從母親身上一口氣奪走大量的營養。如果是懷孕，營養並不會在瞬間被奪走，而可以透過胎盤，慢慢地補給營養。像大象這種大型動物，懷孕期間甚至將近兩年，換言之，相較於產卵，懷孕對母體造成的負擔較少，可以維持母親的健康。

話雖如此，生產並不容易。母體會耗費所有能量支援胎兒的發育，也要開始為將來的生產和育兒做準備，特別是性荷爾蒙的分泌量，更是會劇烈變化[21]，黃體素比一般月經期間的最高含量高出十倍以上，至於雌激素，光是在懷孕期間的分泌量，就相當於沒有懷孕經驗的女性一生的分泌量。

當狀況變得這麼特別時，當然也會對大腦造成影響。巴塞隆納自治大學的哈克賽馬（E Hoekzema）博士等人曾針對初次懷孕的女性大腦中發生的變化加以調查。結果顯示，懷孕之後，大腦皮質的灰質（Grey Matter）體積大量減少[22]，也就是說突觸遭到修剪，神經迴路得以有效率的運作。灰質體積顯著減少的部分，是可以感知他人「想法」

的皮質區。事實上，孕婦的灰質減少的量越多，其產後對嬰兒的愛就越強烈。

哈克賽馬博士也調查了，在產後兩年這個時間點，這種大腦迴路的變化會持續多久。結果顯示，大腦依舊維持變化後的模樣，也就是說，在這個時間點，光是觀察大腦就知道孕婦是否是第一次懷孕。雖然沒有更進一步追蹤這樣的變化會持續到什麼時候，但可以確定的是，規模大到難以置信的大腦迴路經過重組後，那改變還會延續一段時間。懷孕、生產這一連串現象，果然不能輕鬆簡化成「生命的奧祕」，而是非常了不起的珍奇事件。

父親也會分泌催產素？

男性的大腦並不會像女性這樣出現戲劇性變化。如果不換尿布或抱小孩，催產素（參照第十二頁）就不會分泌，男性的身體真的是很悲哀啊。但是，必須一提的是，一起養育子女之後，就算是男性的大腦，也很自然的就會分泌催產素。養育小孩真的是開心的事，因為開始養育子女之後，就會分泌催產素。也就是說，對男性來說，育兒和催產素的關係，就類似「是雞生蛋還是蛋生雞」。

事實上，從催產素濃度的檢測也可以知道，父親越常幫忙帶小孩，催產素濃度的上升就會越明顯，最後甚至可以和母親屬於同一個量級㉓。母親的催產素濃度在生下寶寶的瞬間就很高了，父親的催產素濃度則要經過育兒過程，才能慢半拍地追上。

跟戀愛一樣？這就是育兒！

朋友生了個女兒，他說「真的好可愛啊，感覺就像戀愛一樣」。我覺得這說法實在很有趣，為什麼？因為順序顛倒了。

觀察戀愛時的大腦活動，可以發現它和父母對孩子投注關愛時一模一樣㉔。所以「好像戀愛一樣」這種說法，就某種意義來說是正確的，但說得精確一點，其實是相反的。比方說，要說老鼠有沒有戀愛情感，恐怕是沒有（雖然有點難嚴謹斷定……），老鼠有的是對孩子的愛，那個時候，牠們會和人類一樣分泌催產素。但套在人類身上就說不通了，因為孩子以外的特定對象，也會讓人類分泌催產素。這是催產素弄錯使用地方的目標失誤。

換句話說，正確來講應該是「戀愛的感覺跟自己對小孩的愛一模一樣」。但是，因為人類在經驗上，是先談戀愛才有小孩，所以會說養育小孩的感覺，就像是在談戀愛。

不管是戀愛或育兒，只要是為了對方，都會不辭勞苦，兩者都會讓人覺得：「全心全意為對方奉獻」就是生存的意義。而且，不管是有意識還是無意識，「繁衍後代」這個終極目的也是兩者共通的。所以，從大腦進化的觀點來看，戀愛或許是一種程式上的錯誤，雖說只是錯誤，但也不是全然無用的錯誤。

從懷孕時就出現了排他性的界線

催產素也有讓人意外的作用，那就是對他人的「排他性」[25]。分泌出催產素後，跟原本就關係很好的人會產生更強烈的信賴關係，反之，則會更加疏遠，偶爾還會有攻擊行為。也就是說，會出現「親密v.s.疏遠」的鮮明對比。正在養育孩子的動物警戒心很強，會攻擊接近的動物，就是催產素的作用。自己的孩子最重要，其他可能具危險性的東西都會被當作「敵人」，加以排除。戀愛時應該也會發生這樣的事吧。

有些母親在孩子出生之後，對待其他家人就會變得非常嚴厲，這也是催產素的作用。如果父親無法進入「親密對象」的範圍，就會變成被攻擊的對象。一旦被放在界線之外，之後就很難進入界線內了。萬一真的不幸被留在界線外，只能耐心等候母親的催產素作用衰退。

換言之，「育兒」從孩子出生前就開始了。如果沒有辦法進入母親用催產素打造的

「同伴圈」，父親的育兒工作就會變得非常困難。不是從孩子出生之後再努力，而是在孩子出生之前，就要事先做好準備，以便通過來自母親的「催產素審判」。

不過，我們必須了解，對部分父親來說可能是煩惱根源的催產素作用，是為了進一步保護孩子而被培育出的東西。以野生動物來說，當同伴以外的動物靠近時，當然會加以拒絕，因為牠們有可能會危害、甚至吃掉自己的孩子。除此之外，它也意味著要保護孩子不受病原菌感染，母親不希望不認識也沒見過的外人觸摸自己的孩子，也是出於防衛本能的自然恐懼。

註釋

⑳ 袋鼠或無尾熊等有袋類例外，牠們沒有胎盤或肚臍。

㉑ 參考文獻：Casey ML, MacDonald PC, Sargent IL, Starkey PM. Placentalendocrinology. In The Human Placenta（ed. Redman, C.W.G.）237-272（Blackwell Scientific, Oxford, 1993）.

㉒ 參考文獻：Hoekzema E, Barba-Muller E, Pozzobon C, Picado M, Lucco F, Garcia-Garcia D, Soliva JC, Tobena A, Desco M, Crone EA, Ballesteros A, Carmona S, Vilarroya O. Pregnancy leads to long-lasting changes in human brain structure. Nat Neurosci, 20:287-296, 2017.

㉓ 參考文獻：Abraham E, Hendler T, Shapira-Lichter I, Kanat-Maymon Y, Zagoory-Sharon O, Feldman R. Father’s brain is

sensitive to childcare experiences. Proc Natl Acad Sci U S A, 111:9792-9797, 2014.
24 參考文獻：Aron A, Fisher H, Mashek DJ, Strong G, Li H, Brown LL. Reward, motivation, and emotion systems associated with early-stage intense romantic love. J Neurophysiol, 94:327-337, 2005.
25 參考文獻：Campbell A. Attachment, aggression and affiliation: the role of oxytocin in female social behavior. Biol Psychol, 77:1-10, 2008.

五個月

真的是江山易改，本性難移嗎？

爸爸沒有藉口了

女兒開始吃離乳食了，南瓜和地瓜是她的最愛。蘋果或許是因為帶了點酸味，她不太喜歡。

出現各種不同的笑容，是最近的變化之一。三個月大的嬰兒會笑，並不是因為開心，而是單純的反射。不過，在這個時期，一聽到「要不要抱抱？」就會笑，看到奶瓶也會露出微笑等變化逐漸增加。據說孩子的笑容種類，會和接觸周遭大人的時間而呈等比增加，也就是說，人際關係的豐富程度和笑容的多樣性成正比。

不久前，我研究室的學生帶著記錄了某個實驗結果的學術論文來找我，他說：「老師，你已經沒有藉口了喔」。實驗的內容是比較男女兩性從嬰兒的哭聲，辨別他是想喝奶、想換尿布，還是想睡覺的能力是否有所差異。大家都說「媽媽知道孩子的哭聲所代表的意思」，那爸爸呢……？

實驗結果顯示「男女的辨別能力差不多」，但並不是所有的父親都能夠做到這一點，只有參與育兒工作，花足夠的時間和孩子相處的父親，才具有和母親相當的能力[26]。

說來有點不甘心，我家現在是妻子比較快察覺到女兒需要什麼。或許正因如此，女兒看到我和看到媽媽的時候，笑容有些不一樣……。我不能輸！我非得增加和女兒相處的時間不可。

昨天的大腦和今天不一樣

「江山易改本性難移」這句俗話，站在腦科學的立場，具有某種程度的正確性。大腦的神經細胞數量，在嬰兒呱呱墜地的那個剎那最多，之後只會慢慢減少。到了三歲前，大約有七〇%的細胞都會死亡[27]，只留下三〇%。之後，這三〇%的細胞都不會有變化，身體健康的話，即使超過一百歲，也可以持續保持這三〇%的細胞。換句話說，一生都會使用三歲前留下的神經細胞（參照左頁上圖）。

嬰兒不知道自己會誕生在什麼樣的世界，一直到離開產道之前，嬰兒的大腦都無

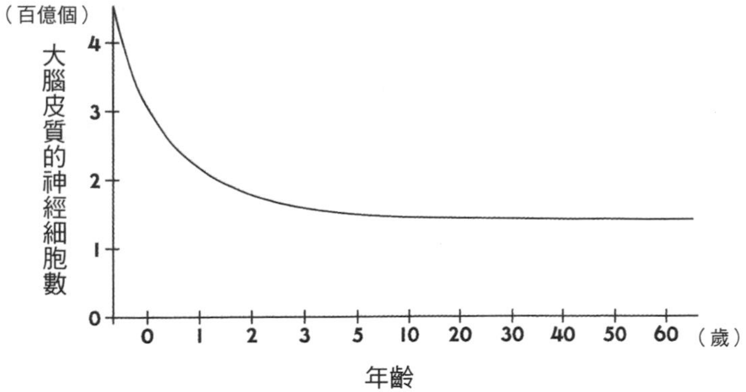

根據年齡推測的神經細胞數量（Journal of the Neurological Sciences, 103: 136-143, 1991 製作）

法得知他們會生活在什麼樣的環境裡。也就是說，他們不知道需要什麼樣的神經細胞，才能適應出生時的環境。或許就因為如此，他們帶著過多的神經細胞誕生在這個世界[28]。然後，在三歲之前，丟掉打造神經迴路基礎時不需要的神經細胞。不管是出生在美國還是印度，大腦之所以都可以很有彈性的應對，就是因為這樣的成長機制[29]。

我女兒現在五個月大，應該每天都會以相當驚人的速度丟棄神經細胞。簡單計算，每天會減少超過五千萬個腦神經細胞，昨天的大腦和今天截然不同。一想到這點，我就會覺得「每天都要珍惜跟她相處的時間」。

到女兒三歲之前，還有兩年半的時間。很快的，大腦神經迴路的初級基礎已經完成六分之一了。我希望自己能夠好好珍惜每一天的溝通[30]。

・小・故・事・

我用女兒的照片製作了夏季的問候明信片（笑）。

雖然我明明就覺得收到印有孩子照片的問候卡，感覺會很親切，而且也可以知道孩子最新的成長狀況和近況，真的很開心，但說到底這也只是「孩子是自己的好」的想法罷了[31]。

註釋

[26] 這個能力的源頭就是催產素。詳情請參閱第十二頁及第三十二頁（參考文獻：Abraham, E, Hendler, T, Shapira-Lichter, I, Kanat-Maymon, Y, Zagoory-Sharon, O, Feldman, R. Father's brain is sensitive to childcare experiences. Proc Natl Acad Sci U S A, 111:9792-9797, 2014.）。

[27] 大家都說「神經細胞會隨著年齡的增長而減少」，但這是錯的，這樣的情形頂多只會持續到三歲（參考文獻：Klekamp J, Riedel A, Harper C, Kretschmann HJ. Quantitative changes during the postnatal maturation of the human visual cortex. J Neurol Sci, 103:136-143, 1991.）。

[28] 這裡的「減少」指的只是神經細胞的「數量」，而非神經細胞的「能力」。意思是在三歲之前，必須讓他經歷過所有的事情。如果有在這之前沒有學會的事，必要時，剩下的神經細胞就會代為運作、學習。不過，母語和絕對音感等能力，在長大之後是很難彌補的。

29 這和免疫系統非常類似。因為不知道什麼樣的病原體會來，所以會準備過多的免疫細胞，但實際使用到的免疫細胞只有極少的一部分。

30 上小學之前，經常和父母相處且受到仔細照顧、養育的幼兒，其海馬迴路比沒有經歷這些過程的幼兒還要發達兩倍，進入青春期後，也比較善於控制自己的情感（參考文獻：Lubya JL, Beldena A, Harmsa MP, Tillmana R, Barcha DM, Preschool is a sensitive period for the influence of maternal support on the trajectory of hippocampal development. Proc Natl Acad Sci U S A, 113:5742-5747, 2016.）。

31 也有人說，寄送印有孩子照片的明信片，是不夠體貼他人的表現。因為有些人雖然想結婚卻依然單身、有些夫婦正在治療不孕，也有些家庭有流產或孩子發生不幸的過往。不過，我從有小孩之前就不太喜歡這種「對寶寶照片一視同仁的不寬容」。因為，如果要顧慮世人的各種狀況而否定照片明信片，那照片明信片應該也只是各種不體貼表現的其中一種而已。

六個月

嬰兒的時間開始啟動

嬰兒活在當下

我在出差地幫女兒買了布偶。但女兒喜歡的不是布偶本身，而是縫在布偶上的價格標籤（笑）。現在，女兒最喜歡的是瓢蟲布偶。有的時候，我會把這個布偶放在正在哭的女兒身邊，一看到瓢蟲，女兒就笑了。大人很難在哭泣之後馬上露出笑容，但嬰兒就如「瞬間破涕為笑」這句話所形容的，可以馬上改變心情，女兒現在就活在這個瞬間。

我出差回來之後，發現女兒有兩個很大的變化。

其一，當我或妻子走出房間，不見身影時，她馬上就會哭[32]，這正是女兒學會「時間」這個概念的證據。因為她已經可以進行「剛剛還在的父母現在不在了」這種時間比較，如果一開始就不在，她應該不會這樣敏感地哭泣。

上個月，女兒學會伸手觸摸眼睛看到的玩具，這是她學會「空間」這個概念的證據。這個月，她開始認識「時間」。空間和時間——。女兒的大腦，已經進入物理學的世界了。

從「躲貓貓」中，看到孩子的成長

嬰兒出生後，很快就會有「時間」的概念。的確，不管是六個月以前或以後的嬰兒，只要一玩躲貓貓都會很開心。不過，這兩個時期的嬰兒開心的理由並不一樣。

六個月以前的嬰兒，只要對方用雙手把臉遮起來，他們就會覺得對方真的不見了。更仔細地說，對還沒有時間概念的嬰兒來說，「看不見」＝「不存在」。而他們也會因為對方把手拿開、臉孔突然出現，而感到驚喜。

但是，出生六個月之後，他們知道雖然看不見，但對方的臉就藏在手掌下面。他們已經能夠以時間的流逝為前提，推測剛剛還看得到的臉藏在手掌下面，雖然對方用手遮住臉，但他們還是持續看著對方的雙手，所以知道這件事（手下面有臉），並一直很有興趣。而等對方把手移開之後，他們會非常開心地想「果然在這裡」。

剛剛提到的女兒的例子也是一樣。雖然看不到剛剛還在旁邊的爸媽，但她知道，爸媽並非不見了，而是去了隔壁房間。所以，這個月女兒哭聲中所包含的訊息，不只是「一個人好孤單」，還包括「早點回來」。

另一個變化是，她開始經常模仿了[33]。當我在女兒面前敲打玩具、發出聲音讓她看時，她也一樣會用手敲打玩具。模仿對將「外面的世界」放進自己的大腦中非常重要[34]。

學說話也是從模仿開始。我妻子唱歌時，雖然她不知道妻子在唱什麼，但也會不知不覺模仿妻子的聲音。雖然大家都說女孩比較早學會講話，但只要父母認真跟他們說話，男女的語言成長進度是沒有差別的[35]。

說到跟嬰兒講話這件事，我想起了一段歷史……那是十三世紀，神聖羅馬帝國的腓特烈二世做的實驗。他把沒有家人、失去依靠的嬰兒聚集起來，由女僕養育。他的興趣是「話語的起源」。——如果一個人不學習語言，那他會講話嗎？

女僕雖然可以幫嬰兒餵奶、換尿布、洗澡，提供最低限度的照顧，但不能跟嬰兒說話。實驗的結果非常出人意外，在兩歲之前，也就是說，還沒有真正學會講話之前，所有嬰兒都死了。腓特烈二世這個殘忍的實驗多少帶有傳說色彩，因為我們不知道在十三世紀，這個研究可以在多麼嚴謹的條件控制下進行，嬰兒死亡也有可能只是因為照顧不周。而在那之後，第二次世界大戰時做了一個更有可信度的調查[36]。

因為戰爭之故，誕生了許多孤兒，精神科醫師史皮茲（Rene Spitz）對孤兒院的孩子做了調查。因為當時大家都認為營養和衛生對孩子的健康非常重要，所以，即使在孤兒院，也有足夠的食物和乾淨的環境，唯一欠缺的是溝通。因為孤兒院聚集了許多小孩，照顧的人手不足，沒有餘力跟每一個嬰幼兒好好溝通。調查結果顯示，九十一人當中，有三十四人不到兩歲就去世了[37]。

光是照顧好營養和衛生並不夠，如果沒有溝通和肌膚接觸，人就不會成長。相對的，只要觀察被一頭頭分開飼養的動物就可以明白，如果動物得到足夠的營養和良好衛生，就不會在成長過程中死亡。也因此，一如食慾，人類大腦中也有著渴望關係的需求這個本能。與他人溝通是本能上的需求，根本不用舉出在荒野中被動物養大的孩童這種極端例子，來說明人之所以可以成為一個「人」，就是因為他有被當作「人」來養育。

所以，我還是一樣會充滿愛意地跟女兒說「幫你換尿布喔」，雖然在外人眼裡看來，這根本就是在自言自語（笑）。

小・故・事

女兒非常喜歡她媽媽在兒童館做的紙製藍色骰子，似乎比我買的玩具還喜歡。我真不知道女兒心裡在想些什麼（笑）。

註釋

(32) 嬰兒的哭聲對四周的大人來說，感覺非常不舒服。因為哭聲就是對父母的「脅迫」（如果是悅耳的哭聲，就無法達到目的）。一般來說，猴子等其他哺乳類動物的幼兒並不會發出哭聲，因為這樣會被敵人發現、帶來危險。相反的，人類的孩子之所以會經常哭泣，就證明他們一直生活在很少有敵人的安全環境中。

(33) 三個月內的嬰兒不會模仿。雖然大家都說「嬰兒出生之後馬上就會開始模仿」，但最近證實，這是因為實驗設計的條件而產生的誤解（或說是希望性的推測）（參考文獻：Oostenbroek J, Suddendorf T, Nielsen M, Redshaw J, Kennedy-Costantini S, Davis J, Clark S, Slaughter V. Comprehensive Longitudinal Study Challenges the Existence of Neonatal Imitation in Humans Curr Biol, 26:1334-1338, 2016.）。

(34) 模仿也是有階段的。比方說，先是模仿「用手敲打玩具」，再來是模仿「用搥子等工具敲打玩具」，最終則是模仿「演奏行為」，如此慢慢變化。如果覺得自己的小孩遲遲沒有開始模仿，或是不想模仿，那有可能是因為大人讓他模仿超過他當時能力的事。

(35) 參考文獻：Hyde JS, Linn MC. Gender difference in verbal ability: A meta-analysis. Psychol Bull, 04:53-69,1988.

㊱ 參考文獻：Spitz RA. Hospitalism; an inquiry into the genesis of psychiatric conditions in early childhood. The Psychoanalytic study of the child, 1:53-74, 1945.

㊲ 實驗也針對活下來的孤兒加以追蹤，發現他們長大後，經常出現成長障礙或精神症狀。

七個月

從不舒服轉變為舒服

嬰兒果然喜歡音樂

女兒已經可以兩隻手分別拿著不同的玩具。她用雙手拿著陶製的紅色和黑色金魚玩具，「叩、叩、叩」地往牆上敲，似乎覺得自己做了一個動作而發出聲音這件事非常有趣。我怕她弄破玩具被割傷，把她帶離牆壁，這回她換成拿玩具敲我的臉，不過沒有發出聲音。她彷彿知道越是用力捶打牆壁，發出的聲音越大，所以她敲我臉的力氣也越來越大。因為她敲得太過賣力，我覺得自己的鼻子都快骨折了（笑）。

女兒也懂得區分不同的歌曲了。或許是因為從她剛出生起，我們就每天都唱〈森林中的小熊〉給她聽，每次唱這首歌時，她都會露出笑容，聽其他歌曲時，她就沒有笑得這麼明顯。

音樂的三大要素是節奏、旋律及和聲。其中，最先學會的就是節奏。嬰兒出生後大約半年，就能夠學會節奏[38]，女兒現在剛好處於這個時期，一聽到音樂，她的兩隻手就會開始揮動。

順帶一提，她還無法像打擊樂演奏者那樣左右手分別活動。這是因為大腦的兩半球機能尚未完全分開，所以只能做出左右對稱的動作，也因此，她的動作就像是一個笨拙的機器人。這是這個時期特有的動作，也是嬰兒的可愛之處。

尿尿時心情會變好，就是長大了

嬰兒會透過哭聲，表達不同的訊息。比方說，尿尿的時候會哭，但這絕不是哭著要求「幫我換尿布」，仔細觀察就可以知道，她是在尿尿之前或正在尿的時候哭，而不是尿尿之後。

睡覺之前也可以看到類似的狀況。當覺得很睏、迷迷糊糊時，嬰兒馬上就會哭，並不是睡了之後才開始哭。

事實上，尿意和睡魔對嬰兒來說是很不舒服的感覺，這種感覺大人很難理解。因為對大人而言，尿尿之後，會覺得非常輕鬆、舒服，想睡覺時那種迷濛的狀態，也是舒適睡眠的預兆，感覺很舒服。

若我們重新思考，就會知道想睡覺是一種搞不清楚到底是睡還是醒的不安定狀況。但透過之前的經驗，我們知道「這種迷濛的感覺之後，就是安穩的一覺」。所以，我們會事先將想睡覺的狀態解釋成「舒服」，感覺很舒暢。想尿尿時也一樣，尿意之後，就是得到解放的感覺。也就是說，對嬰兒來說不舒服的狀態，對大人而言是很舒暢的。

稍微換個話題，有人喜歡吃辣。辣是來自舌頭的刺激透過神經傳送到大腦，然後感覺「好辣！」它不是味覺，而是一種痛覺，也就是說，是舌頭的疼痛。當這個訊息傳到大腦時，不知為何變成了「辣」，而不是「痛」。

有趣的是，感覺到「辣」的時候，大腦同時也會發出「不要覺得辣」這個命令，這是大腦非常不可思議的地方，它同時踩著油門和煞車。

這種用來「相信這不是辣」的神經系統，是內啡肽（Endorphin）和多巴胺（Dopamine）這些與快感有關的物質。也就是說，之所以會喜歡很辣的東西，乃是因為在油門和煞車的平衡上傾向煞車，相較於「辣（＝痛）」，更容易感受到「不辣」，換言之就是更容易強烈感受到快感。「辣」或許也和尿意與睡魔一樣，因為過往的經驗而讓快樂變得更明顯。

順帶一提，喜歡喝苦苦的咖啡和啤酒、不工作就不舒服的工作上癮、長跑後所產生的跑步者愉悅感（Runners High），都同樣是「舒服」的逆轉機制所產生的癖好。

小・故・事

妻子想幫自己買東西時，說服我的藉口變多了。「將來可以和女兒一起用」，只要她一提到女兒，我就毫無招架之力（笑）。

註釋

38 參考文獻：Phillips-Silver, J, Trainor, LJ. Feeling the best: movement influences infant rhythm perception. Science, 308:1430, 2005.

八個月

透過爬行，世界不斷擴大

興趣隨著成長而變得多元

某天早上，我一直有種預感，所以備好了相機，正在拍攝時，女兒就開始爬了。那天她爬得很慢，但過了兩、三天後，她爬行的速度就變快了。現在，女兒會用爬的跟著我到廁所，真是傷腦筋（笑）。然後，從幾天前開始，她已經可以扶著東西站起來了。

隨著這些變化，女兒也有些改變。會爬之前，她只對眼前的東西有興趣，學會爬行之後，她馬上開始對遠方的東西感興趣了。之前，她雖然可以看到遠方的東西，但並不是那麼感興趣。開始爬行之後，她朝著遠方東西爬去的次數增加了。

人類原本就對自己的手「碰得到」或「碰不到」這件事很敏感。比方說，光是用看的，我們瞬間就可以判斷自己的手是否可以碰到桌上的東西。但如果把雙手綁起來，判斷力就會驚人下降。也就是說，手可以自由移動時，可以知道自己的手能觸及的範圍，但當雙手失去自由、無法活動時，目測的精準度就會突然下降。換句話說，能否自由活動，會對心理造成影響。

這跟嬰兒從除了睡覺翻身之外、沒有其他移動方法的狀態，轉變為可以爬行，非常類似。嬰兒學會移動方法之後，可以活動的世界瞬間擴大，感興趣的範圍也更廣泛了，轉換速度之快讓人驚訝。

「先學會叫『爸爸』，還是『媽媽』」是個大問題

關於身體領域的拓展，有一個針對使用耙子的猴子大腦所做的研究[39]。如果指尖可以碰到東西，就有神經細胞會出現反應，而當手上拿著耙子，就會變成耙子的末端能碰到東西時會出現反應，也就是說，工具會成為自己「身體的一部分」，呈現「一體化」的狀態。

女兒最近開始玩用槌子敲打就會發出聲音的玩具。我想很快的，槌子就會變成她的手，形成「身體擴張」。

這件事和她開始可以透過爬行，自由活動有關。之前，女兒只會玩自己附近的玩具，會爬之後，她會爬到玩具箱，拿出自己喜歡的玩具來玩。這可以解釋成「身體的感覺」已經滲透進周圍的世界。

可以自己到處活動之後，女兒和我們家愛犬球球之間的關係，也發生了變化。過去，只有球球來到女兒身邊時，他們才會有互動，現在，是女兒自己接近球球，創造接觸的機會。所以，球球不想玩時，若女兒搞不清楚狀況的跑過去找牠，就會被牠吠（笑）。

女兒成長的月數已經來到可以快速吸收耳朵聽到的話語的時期[40]。因為女兒能夠說出的「話」也不斷增加，她開始發出各種不同的聲音。之前她只能發出「A」、「U」等母音，但這幾天已經開始穿插幾個子音了。

因為她可以慢慢地用嘴巴模仿，所以只要我不斷地說「爸爸、爸爸、爸爸……」，她也會跟著說「BaBa、BaBa、BaBa……」。看到這幅景象，妻子說：「也要教她說：『媽媽』！」這次，換成妻子不斷對著女兒說「媽媽、媽媽、媽媽……」女兒確實是在模仿我們，但她並不是因為真的了解那個字的意思，才叫我「爸爸！」我和妻子拚了命的在比賽，看女兒會先叫誰（笑）。

小故事

女兒很喜歡南瓜和地瓜，這也是妻子最愛吃的東西。我不喜歡那種熱呼呼的口感，家人當中，似乎只有我的喜好跟大家不一樣（汗）。

註釋

39 參考文獻：Iriki, A, Tanaka, M, Iwamura, Y. Coding of modified body schema during tool use by macaque postcentral neurones. Neuroreport, 7:2325-2330, 1996.

40 這個時期，重要的不是嬰兒語，而是正確說話。舌頭還不是很靈活的幼兒會口齒不清的說出「漂釀（漂亮）」、「喝嘴（喝水）」是沒辦法的事，但大人不必刻意這樣說話，太沒禮貌的措辭最好也要避免。我經常一不小心就會說出「厲害到不行」、「靠，好大」、「亂好吃一把」，以後會多加注意（汗）。

Column 02

進一步了解！
大人的大腦發育專欄

記憶從什麼時候開始？

在此，我就來介紹幾個有關幼兒記憶力的研究。

首先，是義大利國際尖端研究所的蒙蒂羅梭（Montirosso R）博士等人的研究[41]，他們針對出生後四個月的幼兒對壓力的反應進行調查。比方說，自己在哭，媽媽卻沒有任何反應，這對嬰兒來說是很大的壓力。實驗中，會讓嬰兒經歷十分鐘這種痛苦的經驗，兩個禮拜後再度讓他們經歷同樣的事。結果，相較於第一次經驗，壓力荷爾蒙的反應變得更加激烈。換句話說，他們現在還「記得」上個禮拜受到的壓力。雖然每個嬰兒的反應都不一樣，但它證明了即使是四個月大的嬰兒，也會讓經歷過的事情變成記憶、刻印在大腦迴路中。

更令人驚訝的是，之後，赫爾辛基大學的帕塔內（Partanen E）博士等人證明了嬰兒甚至還殘留著「出生前的記憶」。他們讓懷孕第二十九週的胎兒，隔著媽媽的肚子一週聽五次同樣的樂曲，比方說，彈奏〈一閃一閃亮晶晶〉這首歌的旋律讓他們聽。結果，不用說出生後那個當下，即使到了出生四個月後，他們還是記得那首樂曲[42]。

這件事只要記錄嬰兒的腦波就知道。比方說，故意把「Do Do Sol Sol La La Sol」這樣的旋律，彈奏成「Do Do Sol Sol La La Si」，嬰兒的腦波就會瞬間出現變化。也就是說，他們知道〈一閃一閃亮晶晶〉這首樂曲原本應該是什麼樣的旋律，然後發現自己聽到的跟記憶中不一樣。

這個實驗的結果顯示，在我們的大腦迴路中，刻印著遠比我們一般對「記憶」的印象更加古老的經驗。雖然還不到「前世」，但至少是殘存著「出生前」（胎兒時）的記憶。

味道的記憶也一樣。新生兒可以靠著媽媽胸部的味道，區別媽媽和其他人，因為胸部的味道和羊水的味道很類似[43]，而這也是他們在媽媽肚子裡時的記憶痕跡。

另一方面，母親也可以靠著味道來辨別自己的孩子[44]。藉著生產後把新生兒抱在胸前、幫他們哺乳，很自然就可以記住嬰兒的味道，而且只要哺乳三十分鐘就夠了。母親辨別自己孩子味道的能力，比爸爸或奶奶都要優異許多。如果爸爸也有嗅聞孩子的味道，就可以擁有和媽媽差不多的辨別能力，只是，他們至少要持續聞三個小時以上……[45]。

對教育與未來的責任

現在日本人的平均壽命，男性大約八十歲，女性約八十七歲。不過，「平均值」這個數值實在很麻煩，它不一定會和我們的實際感受一致，因為半數以上的人都超過平均壽命[46]。

更具意義的數字是壽命的「中位數」（Median），它指的是五〇％的人的死亡年齡。日本人壽命的中位數，男性約八十三歲，女性約八十九歲（二〇一二年統計）。也就是說，女性約有半數會活到將近九十歲。

現年九十歲的女性，指的當然是九十年前出生的人，也就是說，在昭和初期的醫藥及衛生環境中出生、成長的人，活到九十歲了。那麼，在現代最先進醫藥環境中出生、成長的人，將來可以活幾歲呢？

根據美國加州大學爾灣分校所發表的「人類壽命資料庫」（Human Mortality Database）顯示，二〇〇七年出生於日本的人，其壽命中位數估計約為一〇七歲[47]，真是讓人驚訝的高齡。的確，在百年後醫藥技術的守護之下，就算活到一〇七歲，也不是那麼不可思議的事。

換句話說，我女兒很可能會活到二十二世紀，那個時候，我已經不在這世上了。但是，我有責任讓未來的世界更加充實。看著孩子們健康活潑的身影，我再次下定決心，**絕不輕忽**年輕世代的教育。因為女兒的大腦每天都會累積新的記憶，而這些記憶將決定她人生的內涵，亦即決定二十二世紀的「個性」。

註釋

41 參考文獻：Montirosso R, Tronick E, Morandi F, Ciceri F, Borgatte R. Four-month-old infants' long-term memory for a stressful social event. PLoS One, 8:e82277, 2013.

42 參考文獻：Partanen E, Kujala T, Tervaniemi M, Huotilainen M. Prenal music exposure induces long-term neural effects. PLos One, 8:e78946, 2013.

43 參考文獻：Porter PH, Winberg J. Unique salience of naternal breast odors for newborn infants. Neurosci Biobehav Rev 23:439-449, 1999.

44 參考文獻：Schaal B, Porter RH. Advances in the study of behavior. 20:135, 1991.

45 參考文獻：Wyatt TD. Pheromones and Animal Behaviour. 2003.

46 極少數在幼少期死亡的人為異常值（Outlier），所以全體平均值下降。

47 參考文獻：Human Mortality Database, THE 100-YEAR LIFE. URL: http://t.co/LeHfTZ20mc

九個月

終於變成人類了

踏出成為人類的第一步

女兒可以扶著東西走路了。這個時期，除了身體的發育，從心理學的角度，也可以看到大幅的成長。

孩子不是慢慢的、一點一點地長大，而是如階梯狀，一個階段一個階段的成長。而在各個階段中，可以看到最多成長的，就是這個時期。

巨大變化之一是，她已經會用拇指和食指「抓捏」嬰兒蛋酥。這個動作的專業術語是「精準抓取」。在這之前，她只會使用所有手指和整個手掌抓握的「握力抓取」。「握」這個動作，猴子等動物也會，但讓拇指和食指面對面來「抓捏」的這個動作，幾乎只有人類才會。

箇中關鍵就在人類特有的手部骨骼。人類手部的拇指和其他手指分離，拇指的指腹和其他四根手指朝著相反方向，因此，拇指才能自由活動。猴子手部的拇指和其他手指朝著相同方向並列，無法像人類一樣做出抓捏的動作[48]。

能夠精準抓取之後，人類才能靈巧的製作工具。人類可以如此進化、發展出各種精密技術的祕訣之一就是「精準抓取」，換言之就是獨特的拇指。女兒已經有了打造文明的基礎，我們也可以把它解釋成，她終於踏出成為「現代人」的第一步。

另一個變化是「共享式注意力」（Joint Attention）。比方說，我和女兒互相看著彼此的臉時，當我故意把視線移到其他地方，女兒也會朝著我看的方向看。或者，有人用手指指著某個東西時，你把眼光朝向對方指的方向，也是一種共享式注意力。

共享式注意力指的是，對方感興趣的東西（對象），自己也會產生興趣。這種「問題意識」的共享是**合作**的基礎，換言之就是人類特有的「社會性」起源，女兒也踏出了身為社會性動物的第一步。

終於說出的第一句話……

我在家工作時，女兒在隔壁房間玩耍的時間變多了。只要能夠透過聲音感覺到我在隔壁房間的動態，她似乎就可以安心玩耍。以這層意義來說，養育小孩的工作已經變輕鬆了。不過，當我過一段時間再偷看隔壁房間時，兒童房已經一團亂了（笑）。

雖然我已經把所有東西都移到女兒拿不到的地方，還是有一項讓我非常困擾，那就是擺在地板上的掃地機器人。女兒非常喜歡這東西，她會在按下開關後，火速爬到很遠的地方，然後在那裡回頭確認掃地機器人是否開始運作。就算我關掉開關，等我視線離開之後，她又會馬上按下開關，這讓我非常困擾。不過，她懂得這樣玩，也是因為理解「按下開關，機器就會開始動」這個因果關係，所以可以一邊預測結果，一邊行動。

就在出現如此大幅成長的這個月，誕生了一件最了不起的傑作，那就是女兒說出的第一句話。一如我上個月寫的，我拚命教女兒說「爸爸、爸爸、爸爸……」，妻子則是不斷教女兒說「媽媽、媽媽、媽媽……」，兩個人都在期待著看女兒會先叫誰。

某天，我在工作時，妻子用手機傳了訊息給我，告訴我女兒會講話了：「她剛剛說了『球球』」。「球球」是我家小狗的名字……。我心想「怎麼可能」，半信半疑地回到家後，女兒正用著清楚的發音說「球球」！

仔細一想……一天之內，我會拚命教女兒說「爸爸、爸爸、爸爸……」的時間，其實也只有五分鐘，但是，在我們夫妻的對話中，一天到晚都會出現「球球」——「球球，吃飯囉」、「球球，去散步囉」、「球球晚安」。會出現這樣的結果，應該不是女兒經常讓球球陪她玩，而是她不斷聽到球球這個名字（笑）。

不久之後，女兒終於會叫「爸爸」了，我真的好開心。可是，她叫「球球」的頻率比「爸爸」還高。我真想問問女兒：「真是奇怪了，到底是誰陪妳洗澡、哄妳睡覺呢？」（笑）。

小・故・事

女兒爬著爬著，爬到我的膝蓋上。

我索性把工作丟在一邊，跟她一起玩。

我對自己這種過去完全無法想像的行為感到非常困惑（笑）。

註釋

48 三百二十萬年前的南方古猿（Australopithecus），是第一種可以像現代人一樣精準抓取的動物（參考文獻：

Skinner MM, Stephens NB, Tsegai ZJ, Foote AC, Nguyen NH, Gross T, Pahr DH, Hublin JJ, Kivell TL. Human evolution. Human-like hand use in Australopithecus africanus. Science, 347:395-399, 2015.）。

十個月

學會「疼痛」，快快長大

把手按在頭上說：「好痛！」

女兒現在非常會扶著東西走路，而且也可以自己開門了。所以，她開始玩弄家裡的開關，打開關上、打開關上……我回過神時，發現家裡開著冷氣，音樂從音響中流瀉而出，整個家亂七八糟。

但是，從女兒的角度看來，她只是對眼前的東西很感興趣，這一切都只是她遊戲的一部分而已。不，說不定她其實不是在玩耍，她是認真的。

雖然已經會扶著東西走路，但腳步還不是那麼穩的女兒常常會撞到牆壁或桌腳。撞到頭之後，她會說「好痛！」，然後把手按在撞到的地方。

這真是不容錯過的重要變化！因為女兒沒辦法看到自己的頭，但她知道疼痛的訊號是從頭的哪個地方傳來的神經訊息。

疼痛是將撞到的身體部位所對應的神經細胞加以活化，當訊息傳到大腦時所產生的感覺。不過，抵達大腦的只是一種電流訊號，要確認這個電流訊號來自身體的哪個部位非常困難。不知不覺間，女兒已經知道疼痛來自身體何處。

就這樣繼續成長，我期待哪一天女兒會跟我說她「肚子痛」。因為我們從身體外面無法看到內臟，想了解身體裡的疼痛來源，比頭部等身體表面更加困難。如果是身體表面的疼痛，女兒會把手貼在痛的地方，這是她模仿當她不小心撞到時，父母會把手貼在上面，一邊揉一邊說「很痛吧，沒關係喔」而學會的。但是，內臟的疼痛只要孩子不說，父母就不會知道，因為疼痛是主觀的感覺，我們無法拿自己的疼痛跟別人比較或分享。仔細一想，能夠理解這樣的「疼痛」，並將自己的痛覺告訴他人，是很不可思議的事。

大家可能認為，把手貼在疼痛的地方，無法減輕疼痛……。非常意外的，事實上這種手部力量不容小覷。有一個實驗便是調查對已婚女性的手腕給予電流刺激時的大腦反應[49]。實驗結果顯示，刺激越是強烈，疼痛的反應就越強。接著，針對手腕給予電流刺激時，讓女性的另一隻手抓著她們的丈夫，結果，疼痛的大腦反應大幅降低，這時，女性也說「沒有剛剛那麼痛」。因為電流刺激的強度一樣，照理說手腕受到的疼痛刺激應該也相同，大腦的反應卻不一樣。順帶一提，對丈夫比較不信任的女性，就算手抓著丈夫，疼痛也沒有減少（汗）。

從疼痛中學習

雖然我們為了顧及安全而更加小心，但也盡量不要變得太神經質。因為稍微痛一下，嬰兒也能有所學習。

有一個實驗讓嬰兒在地板嵌了玻璃的房間內自由爬行、翻身，也就是，地板的某個區域挖了一個很深的洞，但上面蓋著玻璃，所以非常安全。嬰兒一開始會若無其事的爬過玻璃地板，但隨著爬行的次數越來越多，他們不會再爬在玻璃地板上，因為他們曾經跌倒、摔落。

這件事非常重要，因為這個實驗在雛鳥身上出現了不同的結果。把剛孵出來的雛鳥放在相同的地板上，牠們並不會一開始就跑到玻璃地板上。在野生世界，雛鳥極可能從某處摔落，卻沒有得到幫助。所以，從一出生，牠們的大腦迴路便已經輸入了「高的地方很恐怖」這個訊息，以免摔落。

另一方面，如果是人類，因為從出生後開始，他們就可以自己移動，而透過經驗，也可以說是透過痛苦的經驗，他們會對「高度」感到害怕。雛鳥是「因為害怕，所以不去」，而人類則是「因為摔過，所以避開」，兩者間的差異非常不一樣。

換個角度說，雛鳥會很本能地只在固定的範圍內生活，人類卻會因為後天的學習而具備高度彈性。更進一步說，因為能夠判斷「雖然很可怕，還是下懸崖看看吧」，所以冒險的範圍擴大了。動物剛出生時或許比較會判斷，但人類的「初期能力低落」很快就會轉化成「彈性大」，也就是從錯誤中學習。人類後來居上的速度，完全可以彌補先天的不足。

順帶一提，人類這樣的學習模式之所以可行，乃是因為父母「會在他摔落的時候伸出援手」。雛鳥的父母沒有能力對摔落的孩子提供適切的援助，所以，牠們必須等完全成熟之後才會被生下來。另一方面，人類要摔落時，父母則會出手相助，因為父母的能力很好，所以嬰兒即使尚未成熟也無所謂。反過來說，之所以會花這麼多功夫養育子女，也就是因為人類的能力很好。

上個月女兒會叫「爸爸」了。但這欣喜只是曇花一現，因為她很快就開始有自己的脾氣了。當我說：「叫爸爸。」她會故意說：「媽媽。」當我很失望的說「咦？叫錯了喔！」時，她卻覺得很有趣。我完全被女兒作弄了。

小故事

今天早上出門時，當我揮著手說「bye-bye～」，女兒也對我揮手。雖然她只是在模仿我，但不斷重複這樣的溝通之後，語言和動作應該就會連結在一起了吧。

註釋

49 參考文獻：Coan, JA, Schaefer, HS, Davidson, RJ. Lending a hand: social regulation of the neural response to threat. Psychol Sci, 17:1032-1039, 2006.

十一個月

想走路的欲望是與生俱來的

走得好棒。女兒終於會走路了！

上個月我曾經跟大家報告，女兒扶著東西走路的腳步已經越來越穩定了。在那之後，她很快就開始走路了。一開始大概走兩步，然後是三到四步，現在，她已經可以很順利地走到十步左右。起身時，女兒總會面帶笑容。

靠兩隻腳站立、走路的動物，當然不只人類，還有鳥類、袋鼠，古代的話則有恐龍類的暴龍。不過，站立時還可以自由使用雙手的動物只有人類。也就是說，如果用「為了自由使用雙手而開始以雙腳走路」來說明人類的進化有點勉強，因為像袋鼠、暴龍這些用雙腳走路的生物，手部大多已經退化。

原本，「前肢（臂）」是為了要以四隻腳走路而存在的，變成以雙腳走路之後，前肢就不需要了，當然會退化。但不知為何，人類這種珍奇生物的手沒有退化，反而能夠更靈活地運用。

以兩隻腳走路或許重心不容易平衡，動不動就會跌倒，但若從移動的效率來看，人類以兩隻腳走路的效率，比四隻腳來得高。因為人類能夠運用重力，像鐘擺那樣使用雙腳，「咚！咚！咚！」地前進。如果將透過機器運作的機器人設計成跟人類一樣用雙腳步行，只要有些微傾斜，它們就可以完全不使用馬達或蒸汽裝置等內部能源，很安穩地繼續走路，這稱為「被動步行」[50]。換言之，就是可以完全不使用肌肉能量的步行。

以跑步速度來說，人類比不上獵豹或斑馬，但人類勝出的地方就在於我們有較強的持久力，所以不容易疲倦，可以用兩隻腳走到很遠的地方。野生動物通常不會移動到距離牠們出生地很遠的地方，就算是生活在非洲廣大自然熱帶草原的長頸鹿和大象，一生移動的範圍也相當有限。而現存的人類二十五萬年前在非洲誕生，約十萬年前離開非洲，前往歐洲和亞洲[51]，之後，又靠著步行，很快地走到世界每一個角落。

我從女兒的「第一步」，感受到人類悠長歷史的浪漫。

「想用湯匙！」，對工具的渴求

最近，女兒開始會用棒狀的東西試著碰觸手搆不著的玩具，也就是說讓工具代替雙手。她的身體已經開始自由擴張了。只不過，她還沒辦法用棒子把玩具弄到自己手邊。她使用湯匙和叉子的動作還十分笨拙。就算幫她把食物放到湯匙上，雖然感覺她似乎知道怎麼用，最後還是會灑出來。順利的話，她可以把東西吃掉，但她常常只吃了三口優格就開始玩起來，我家愛犬球球則會舔掉散落在地板上的東西（笑）。

從大腦的觀點來看，能否使用工具，可能與大腦頂葉（Parietal Lobe）附近的神經纖維是否相互連結有關[52]。因為猴子的神經纖維不像人類這樣相互連結，所以幾乎無法使用工具，但訓練幾個禮拜之後，就會連結起來，變得可以使用工具[53]。而人類就算不特別訓練，神經纖維也會很自然的連結，或許就是因為如此，只要稍加練習，就可以使用工具。就像我沒有特別教女兒，但她已經開始使用工具了。

現在，就算我把湯匙拿到她嘴邊，她也不會張開嘴巴，而是把手伸出來。「想自己使用工具」這種主體性的欲望，就算沒有被教導也會出現。我想這就是身為「工具使用者」的人類之所以是人類的理由。

回到一開始的話題。開始走路的女兒從兩、三公尺以外的地方「砰！砰！砰！」地走過來，撲倒在我的胸前。那個樣子雖然很可愛，但我馬上就遭到報應了。超過九公斤的體重向我撲來時，我們的頭狠狠地撞在一起！我的嘴唇裂開、鼻血流了出來……。因為她突然跑過來，我無法預測她會怎麼移動，真的是痛得不得了（淚）。不過，就算流血也要面帶笑容的說「有一點痛喔」（笑），育兒也需要忍耐啊。

小・故・事

一向很好睡的妻子就算女兒半夜哭泣，還是睡得很香。

相較之下比較淺眠的我就必須負責在半夜泡奶，但那個時候，妻子還是睡得很熟，絲毫沒有發現。

我想這應該是某種才能吧，好羨慕啊（笑）。

註釋

㊿ 參考文獻：McGeer, T. Passive dynamic walking. Int J Robot Res, 9:62-82, 1990.

51 參考文獻：（一）Pavlov, P, Svendsen, JI, Indrelid, S. Human presence in the European Arctic nearly 40,000 years ago. Nature, 413:64-67, 2001.（二）Bramble, DM, Lieberman, DE. Endurance running and the evolution of Homo. Nature, 432:345-352, 2004.

52 參考文獻：Peeters, RR, Rizzolatti, G, Orban, GA. Functional properties of the left parietal tool use region. Neuroimage, 78:83-93, 2013.

53 參考文獻：Hihara, S, Notoya, T, Tanaka, M, Ichinose, S, Ojima, H, Obayashi, S, Fujii, N, Iriki, A. Extension of corticocortical afferents into the anterior bank of the intraparietal sulcus by tool-use training in adult monkeys. Neuropsychologia, 44:2636-2646, 2006.

一歲

想要自己動手做

一起吃比較好吃？

女兒背上一升餅，慶祝自己滿一週歲了。一升大約一．八公斤，但是女兒完全沒有哭，她若無其事的搖搖晃晃走著。

這件事發生在前幾天，我和女兒在公園玩耍的時候。球滾走時，女兒看著我，手指著球，我想她的意思應該是「拿給我、拿給我」。我一邊遵照指示去追球，同時也發現「咦，她這該不是在差遣我吧？」（笑）

這個「用手指」的動作是人類的成長之一。幼兒看到什麼感興趣的東西後，會用手去指，然後看看父母，就像在說「你看你看！」一樣，因為他們想和其他人共享興趣和快樂。就在不久之前，女兒還會用眼睛看著我視線所及之處，但像這次的這種「用手指」的動作，若以人際關係來說，在向量上方向完全相反，因為這次不是「我也想看看別人看到的東西」，而是「我希望別人看看我看到的東西」。或許是職業病，從這樣的微小變化中，我也感受到了大腦的成長[54]。

吃飯時，女兒不喜歡我們讓她一個人吃，她喜歡全家一起吃。所以，昨天我們三個人同桌吃飯。換句話說，女兒已經出現人類特有的社會性了。

因為她的自我大致已經形成，所以，一直到上個月，餵她吃飯時，她還會「因為想自己吃」，所以伸手去拿湯匙，但現在她已經會推開父母拿著湯匙的手，加以拒絕。穿了鞋子要外出時，她也不坐嬰兒車，想自己走路。似乎很早就開始脫離我、自己獨立，雖然心情上有點落寞，卻也覺得這是很棒的變化。

守護她積極的態度

或許是「想活動！」這種需求非常強烈，女兒不喜歡袖子太長、會勾到手或手指，讓她無法自由活動的衣服，穿上之後不好活動的鞋子她也會馬上脫掉。她不喜歡蓋被子，應該也是因為這樣手腳會不好活動，所以她經常睡在棉被上面（笑）。總之，她就是討厭會妨礙自己的東西。動物，顧名思義就是會動的物體，人類這種動物，果然是一種本質上就具有「希望可以自己活動」這種欲望的生物。

過去，我研究老鼠的大腦時發現一件事。我在老鼠的鬍鬚碰觸其他東西時，測量牠的大腦活動。結果發現，在碰觸到相同東西的狀況下，相較於被其他東西碰觸（Passive Touch），自己積極的去碰觸（Active Touch）所引起的大腦反應強了十倍[55]。也就是說，主動行動時，比較可以充分活化大腦。光是知道這個大腦原理，我就會盡量滿足寧可用自己的腳走路，也不要坐在嬰兒車上被推著移動的女兒。

大腦原本就是透過自行決斷、積極行動而成長，對人類來說，可以主動活動的快感，遠比被動行動來得強。所以吃飯時，就算女兒把盤子打翻，我也會把它視為「主動行為的一種」，特別放任她，大人只要在那之後整理一下就沒事了。不過前幾天，女兒開始玩我家愛犬球球的喝水碗，她把兩隻腳踏進碗裡，踩著水玩。如果事情到此為止，那倒也還好，但之後她就開始喝起碗裡的水，所以我還是阻止了（笑）。

儘管如此，老實說，女兒出生後，我一整個手忙腳亂，就連感慨「已經一年過去了」的時間都沒有。不過，和孩子在一起的每個瞬間都好開心。特別是我回家時，女兒看到從玄關進門的我，她的眼睛真的非常閃亮，我就知道她打從心底開心。或許有一天她長大時，會跟我說「爸，你好囉唆」，但現在，她無條件的喜歡我，也是讓我每一天都過得非常充實的原因之一。

當然，孩子並不會像我們一樣檢討過去或計畫未來，他們只會認真活在當下。昨天我不小心讓女兒絆倒、跌了一跤，但她哭了十秒鐘之後就帶著笑容向我走來，馬上就把過去的事忘得一乾二淨，心胸真是寬大啊（笑）。

小・故・事

每天早上，女兒都會說著「bye-bye」送我出門。不過，當把玄關的門關上、看不到我之後，她馬上就哭了，我就這樣帶著依依不捨的心情去上班了。

她應該還不知道bye-bye的意思，只是在模仿我的動作而已。

註釋

54 補記：這個時候的孩子也會看著父母的表情，來了解自己當時做的事是好是壞。所以，當孩子看著父母說「你看你看！」時，我們也要回以笑顏（參考文獻：Sorce JF, Emde RN, Campos JJ, Klinnert MD. Maternal

emotional signaling: Its effect on the visual cliff behavior of 1-year-olds. Dev Psychol 21:195-200, 1985.）。

55 參考文獻：Krupa DJ, Wiest MC, Shuler MG, Laubach M, Nicolelis, MA. Layer-specific somatosensory cortical activation during active tactile discrimination. Science, 304:1989-1992, 2004.

Column

03

進一步了解！

大人的大腦發育專欄

讀寫障礙與IQ

人的一生中，ＩＱ（智力商數）不太會變化[56]，在十一歲和七十九歲時做智力測驗，六〇％以上結果都不會差太多。根據這個事實，大家應該可以想像ＩＱ會遺傳。比方說，隨機選擇沒有遺傳關聯、毫無關係的兩個人，調查其ＩＱ有多一致，會發現相關係數是零。也就是說，除了巧合，不然任何人的智商都不會一樣。但如果是同卵雙胞胎（擁有相同基因的兩個人），就算小時候分開養育、在不同的環境長大，兩人的ＩＱ也會有超過七〇％是近似的[57]。

然而，如果看到這樣的資料，就認為不得不接受「才能早在出生前就已經決定」這種讓人遺憾的宿命論，實在太武斷。事實上，大腦可以透過經驗和學習，習得智慧和知識，進而顯著成長。也就是說，智商可以透過教育而變高。

事實上，設計出ＩＱ測驗的原有目的，在於打造出盡可能不受環境、教育和年齡影響的穩定指標，換言之，是為了測量「基因的影響」。經過長年的改良，才能精準測量這種與生俱來的純粹能力。相反的，ＩＱ最多只有七〇%是遺傳而來的這個事實，也顯示ＩＱ測驗還有改善的餘地（從ＩＱ的歷史發展來看，提倡「提高嬰幼兒ＩＱ」的早期教育計畫，實在非常可笑）。

除了ＩＱ，還有許多會遺傳的能力。比方說，讀寫或計算能力。大家都知道，這些能力的各別差異很大。因為人類使用文字和數字的時間，最多不會超過一萬年，從長期進化的觀點來看，對大腦迴路而言，文字和數字是突然出現的不自然物，即使無法善加運用也不奇怪。在這種「新能力」的遺傳性影響中，研究較為深入的就屬「讀寫障礙」（失讀症，Dyslexia），據說有多達五到十二%的學童有讀寫障礙[58]，這數字實在不容忽視。原因非常複雜，至少有數十個可能的基因被懷疑，其中以名為ＤＹＸ１Ｃ１的基因發生突變最廣為人知[59]。

事實上，我覺得自己似乎也有讀寫障礙。比方說，我的電子郵件滿滿都是錯漏字。身旁的人似乎（有時）也覺得我的文章沒有邏輯，所以我至少會重複讀個兩遍，通常是五遍後才寄出。即使如此，還是有沒檢查到的錯誤。

之前，我檢查自己的基因時，確認我的ＤＹＸ１Ｃ１發生基因突變，而且還是雙重突變。

回想起來，我考大學時，沒辦法在考試時間內把現代文（國語）閱讀測驗的文章讀完，顯然是從以前開始就有讀寫障礙的徵兆。只是當時，我以為周圍的朋友也跟我一樣，我甚至認為「國語」這個科目，就是「拿出多到讀不完的文章，來測驗學生是否可以在時限內有效率的解答閱讀測驗的問題」。

但並不是說只要是與文字有關的，我什麼都不會。因為我們的大腦很厲害，我可以透過經驗，學會以其他能力彌補不足之處。如果不是太困難，我就可以順利克服，生活上還不至於太不方便。即使有讀寫障礙，還是可以出書，這就是大腦這個構造的神奇之處。

不管如何，所有人都會因為基因的組合，而有與生俱來的個性。沒有所有基因組合都非常完美的「傑作」，不管是我自己，還是我的小孩也一樣。人都各有其優缺點，在以開明的態度守護對方個性的同時，務必也要以適合當事人的方法和環境，提供可以幫助他自在成長的教育。

56 參考文獻：Deary IJ, Yang J, Davies G, Harris SE, Tenesa A, Liewald D, Luciano M, Lopez LM, Gow AJ, Corley J, Redmond P, Fox HC, Rowe SJ, Haggarty P, McNeill G, Goddard ME, Porteous DJ, Whalley LJ, Starr JM, Visscher PM. Genetic contributions to stability and change in intelligence from childhood to old age. Nature, 482:212-215, 2012.

57 參考文獻：Burt C. The genetic determination of differences in intelligence: a study of monozygotic twins reared together and apart. Br J Psychol, 57:137-153, 1966. 不過，根據調查，會有一些落差。

58 參考文獻：Katusic SK, Colligan RC, Barbaresi WJ, Schaid DJ, Jacobsen SJ. Incidence of reading disability in a population-based birth cohort, 1976-1982, Rochester, Minn. Mayo Clin Proc, 76:1081-1092, 2001.

59 參考文獻：Dahdouh F, Anthoni H, Tapia-Páez I, Peyrard-Janvid M, Schulte-Körne G, Warnke A, Nöthen, MM. urther evidence for DYX1C1 as a susceptibility factor for dyslexia. Psychiat Gen, 19:59-63, 2009.

Chapter 2

——兩歲

「自己」誕生了，所以也認識「別人」

兩歲前孩子的大腦發育過程

主動的行為越來越多，終於知道「自己」是獨立個體了。
同時，也知道在旁邊的「你」就是「你」，不是別人。
記憶力、預測能力、想像力，以及理解力都不斷發展。
會卯足全力為了確認「達到自己期望的程度」而開始「反抗」。

我家孩子的成長

一般發展過程

（參照厚生勞動省發行之「母子健康手冊」）

一歲5個月 P113
「自己」誕生了
- 可以獨自行走
- 可以說出「媽媽」、「汪汪」等有意義的詞彙
- 可以自己拿杯子喝東西
- 從後面喊他的名字會回頭……

一歲6個月 P118
用兩個單字讓表達的內容更豐富

一歲7個月 P123
正在哭的孩子若不會馬上破涕為笑……

一歲8個月 P127
顏色有很多種

一歲9個月 P135
「我」在哪裡？

一歲10個月 P140
第一次「說謊」

一歲11個月 P144
不管好或不好，都跟父母越來越像
- 會跑了
- 可以自己拿湯匙吃東西
- 可以用積木堆出高塔，或假裝是電車拿來玩
- 會模仿大人的動作
- 能說出兩個詞的詞彙……

2歲 P148
對文字很感興趣

一歲一個月

因為很草率，人類才會這麼厲害？

愛犬「球球」和其他的狗一樣，變成「汪汪」了

最近，女兒的自我意識變強了。前幾天，全家一起外出時，女兒指著手提袋，因為她知道裡面裝了一些她最喜歡的玩具和點心。然後，我從裡頭挑了一樣，「這個？」我把點心拿給她，但這似乎不是女兒想要的，她明顯表現出嫌棄。不知如何察言觀色的我真的很糟糕，我每天都要像這樣試探女兒的心情（笑）。

因為女兒和愛犬球球的感情很好，常常摸著球球說「好乖、好乖」。但或許是女兒的力道對球球來說太大了，牠經常「嗚～」地發出低吼。不久之前，只要球球對女兒發出低吼，女兒就會哭著逃走，但現在她已經不把這種恐嚇放在眼裡了。對球球來說，明明不動就沒事，但牠還是沒有學乖的又走近女兒。

從以前開始，女兒就會指著球球叫牠的名字，在外面看到其他小狗時，也會叫牠們「球球」。但是最近，可能是在幼稚園學的，看到其他小狗時，她會叫牠們「汪汪」，我心想她終於能夠清楚區分球球和其他的小狗了。

但是後來，她開始對著我家的愛犬「球球」叫「汪汪」，或許是因為「球球」屬於「汪汪」這個族群。真是可憐，好朋友球球淪落到和其他的狗同一個等級。

因為很「草率」，大腦才會具有彈性

因為「汪汪」和「球球」這件事，我想起了一個實驗。拿叉子給猩猩看，教牠從排在眼前的單字卡選出畫了「叉子」的卡片。接著，又拿湯匙給猩猩看，再教牠畫了「湯匙」的卡片是哪一張，這是一種紙牌遊戲。重複訓練之後，只要讓猩猩看物品，牠就可以選出正確的卡片。

但這次反過來，把叉子和湯匙等真實物品擺在眼前，拿畫了叉子的卡片給猩猩看，再讓牠從物品中挑選，猩猩卻無法選出叉子。

這實在很不可思議。換成是人類，如果可以看著叉子選出畫了叉子的單字卡，反過來先讓人類看畫了叉子的卡片，我們自然也能夠正確的從物品中挑選出叉子。

請再仔細想想，在這個遊戲中，猩猩和人類誰才是正確的？答案是猩猩。以人類來說，一旦懂得「如果A，那就B」，就算不教，他們也知道「如果B，那就A」。但正確來說，雖然「如果A，那就B」，但「如果B，那就A」未必成立。比方說，球球雖然是小狗，但小狗未必是球球。如果教猩猩「如果A，那就B」，雖然牠看到A就會選B，卻無法學會「反向操作」。能夠「反向操作」的人類大腦，事實上是不合邏輯的，他們只是在做「粗略」的推斷。

女兒雖然開始叫球球「汪汪」，但看了她的模樣，我很感動「我家女兒終於有人類的樣子了」（笑）。為了學會新的詞彙，這樣的模糊不清或草率隨便也很重要。否則，就無法理解「種類」這個概念了。

比方說，當我記住放在眼前這個桌子上的東西是「蘋果」時，如果店裡賣的不是放在桌上的那顆蘋果，「蘋果」這個種類就不成立。也就是說，「蘋果」不具備一般名詞的功能。

但是人類的大腦非常有彈性，除了實際物品和照片中的蘋果，即使是風格截然不同的數位化蘋果插畫，人類依舊可以認得那是蘋果。把蘋果的插畫拿給猩猩看，告訴牠那是蘋果，牠或許能夠認識蘋果，但如果拿的是與真實模樣相距甚遠的蘋果插畫，牠就不知道那是蘋果了。猩猩的嚴謹和正確，讓牠們變得狹隘而不知變通。

再回到球球名字的後續發展……。當我教女兒「這是球球，那是汪汪」之後，她似乎總算知道如何區分，暫時用「球球」這個名字來呼叫我家愛犬[60]。但是，散步途中看到小貓時，女兒會說「汪汪」，看到烏鴉也說「汪汪」，全部都是「汪汪」。大腦真的是非常馬虎呢！

小・故・事

女兒很喜歡乾杯。我經常會用酒跟女兒的果汁乾杯。前幾天，她雙手拿著兩個奶瓶互碰，一個人乾杯。嗯~她知道「乾杯」是什麼意思嗎（笑）？

註釋

[60] 這個時候的幼兒，會透過睡眠將學到的單字加以歸納。比方說，學會「狗」這個字之後，只有某一隻特定的小狗是「狗」，但是，在午睡或睡眠之後，他們就會知道所有的小狗都是「狗」（參考文獻：Friedrich M, Wilhelm I, Born J, Friederici AD. Generalization of word meanings during infant sleep. Nature communications, 6:6004, 2015.）。

一歲兩個月

只要持續三次，就會形成規則？

想要幫忙洗衣服

這個月的大變化是，女兒學會做一長串的動作。之前，她已經會「拿著杯子喝茶」。但最近，她學會了把脫下來的衣服撿起來[61]，拿到走廊、送到洗手台，再放進直立式洗衣機中，然後把門關上這一長串的動作。而且，她把洗衣機的門關上後，還會很高興的拍手（笑）。某一天，女兒突然學會了這從頭到尾需要花上一分鐘的動作，應該是平常就看著爸媽在做吧。撿起衣服、站起來、把衣服拿到……。這一個個動作雖然都很簡短，但把這些動作連接起來，帶著某個目的來行動這件事非常值得注意。

因為這代表她能夠理解「把脫下來的衣服放到洗衣機裡」這個最終目的，而且可以為了達到目的，按照順序做每一個動作。這是將部分與整體動作加以連結。就因為可以掌握將每個動作加以適當連結、達成一個巨大目的這件事（而非「完成每個動作」的意義），所以能夠將這一連串的行動予以結合。之前，女兒只知道「把杯子弄倒，茶就灑出來了」這種單純的因果關係，這個月，她已經可以深入理解更複雜的因果關係了。

一歲的幼兒也可以找出規則？

前幾天我在家悠閒橫躺時，女兒騎到我的肚子上來，光是這樣她還不滿足，還在肚子上亂踩。女兒現在的體重已經超過十公斤了，所以實在很痛，我忍不住踢起雙腳。女兒似乎覺得很有趣，回頭看了我亂踢的雙腳，然後，再度做同樣的事。我的腳又開始動的時候，她高興地放聲大叫。到了第三次，在我踢動雙腳之前，她已經先回頭看了我的腳。

也就是說，她已經推測我的腳會因為她的行動而第三度活動。

看到女兒這個樣子，我想起了「貝氏定理」（Bayes' theorem）這個理論。我舉個例子，將裝了十個雞蛋的袋子中其中一個雞蛋敲開，發現雞蛋是臭的，之後，再敲一個蛋，發現這個蛋也臭掉了，接著，又敲了另一個蛋，結果還是臭的。大家覺得剩下的七個雞蛋會是如何？大部分人應該都會認為「全部都是臭掉的蛋」吧。發現第一個蛋臭掉時，或許會覺得「可能是湊巧？」買來的雞蛋應該很少會臭掉才對，但也不是沒有可能。但是，連續兩次之後，應該會開始抱著一點疑問，發現第三個蛋也臭掉時，就會想「一定全部都臭掉了，把它丟了吧」。

就像這樣，在不斷重複的過程中，會更加確定自己心中的想法，這就是貝氏定理。一般來說，一如「有一就有二、有二就有三」這句話，大致上只要做了兩到三次，就可以推論因果關係，但一歲幼兒的大腦也可以做類似的推論，真是太令人驚訝了。

貝氏定理的優點在於不會被事物的表面所迷惑，而可以發現背後的根本規則。不會因為一次的經驗就快速下定論，要先持保留態度，是貝氏定理的本質。

人類的大腦，特別擅長執行貝氏定理，過去我認為這是因為人類有語言，所以可以完美實踐貝氏定理。但是，女兒還不會說話，也就是說，並不是因為「有語言」，而是因為「是人類的大腦」，所以擅長執行貝氏定理。在育兒的過程中，我更真切地感受到，人類的大腦不單是動物大腦的延伸，而是「本質上就具有某種不同的東西」。

不過也有人說，光是從幾次經驗來加以預測，這樣的判斷有些過早。一如剛剛說的雞蛋實驗，到第三個就放棄，或許是太早了一點[62]，貝氏定理也會因為成見而貿然做出結論，這樣雖然有好有壞，但早早就認定「已經不行了，換下一個吧」，而決定往下走的判斷力．決定力．推論力，在大部分的時候都可以有效節省時間。

現在，人工智慧（ＡＩ）非常盛行，接近人類大腦的智力在某些時候確實可以發揮超乎人類的智能。但是，現在的人工智慧和人類的大腦有一點很不一樣，那就是要學到知識之前所必須累積的資訊量。比方說，打敗世界冠軍的圍棋軟體，在經過近一千萬次的對戰之後，終於擁有和人類一樣的水準。但以人類來說，即使是專業棋士，一生中最多也只能經歷一萬場對戰。

人類的大腦可以藉由遠少於電腦軟體的訓練量大幅進步，這是對經驗資料的「信念」所孕育出來的，而發揮這個功能的就是貝氏定理。

我們人類就是基於這樣的信念（亦即「成見」）而行動。我們內心的結構就像貝氏定理一樣，從複雜的經驗法則絲線中，編織出自己獨有的世界觀，成為確立自我與個性的基礎。

小故事

早上要去托兒所時，發現女兒的鞋子不見了。

因為始終沒找到，所以我只好把光著腳丫的她抱到托兒所。

晚上，我坐在書桌前的時候，發現女兒的鞋子竟然在筆記型電腦上?!

女兒的惡作劇真的太出人意料了（笑）。

註釋

61 還無法自己獨自脫衣服。

62 「大家都拿到更多零用錢了」、「最近大家都結婚了」這些句子中的「大家」具體來說是多少人？調查之後就可以知道，答案是三個人。只要是三人以上，就會不清楚指的是哪些人，而變成「大家」這個抽象的表達方式。「老是遲到」和「到處都有賣」也是和上述類似的說法。

一歲三個月

預測是為了生存

模仿是高等行為

我發出「啊」的聲音，女兒也會說「啊」，包括臉部表情也一起模仿。模仿表情看似簡單，事實上難度非常高。

想要模仿，前提是要能區別自己和他人[63]，也要有和對方做出相同表情的意圖。而且還必須知道要怎麼移動臉部肌肉，就可以變得和對方一樣。當對方說「啊」的時候，用眼睛觀看就可以明白，卻看不到自己說「啊」時的表情。唯有能夠理解移動自己大腦中的哪條神經迴路或哪條肌肉，會出現什麼樣的表情，才能模仿。模仿的難度比想像中要高上許多。

模仿是學習社會規則的第一步。能夠模仿，才能讓自己居住地區或國家的文化和習慣，清楚地反映在自己的大腦中，連別人也看得出來。在日本成長，行為舉止就會有日本人的味道，在美國文化圈中長大，即使是日本人，也會表現得像美國人一樣。以笑的方式來說，雖然人類大致來說都差不多，但還是會很細微地反映出各地區的文化，而要融入這些文化的第一步，就是模仿。人類就算沒有被特別教導也會模仿，「模仿」這種行為本身有一種快感，人類可以一直模仿也毫不厭倦。

「預測」是大腦最重要的功能

女兒的另一項明顯進步是，可以預測未來。比方說，我一說「一、二、三、四、五」，女兒就會一字一字的分別加以模仿。不止如此，當我說完「一、二、三」就停止時，女兒會接著說「四、五」。唱歌也是，我唱到一半停下來時，女兒會接著繼續唱，讓我相當驚訝。

大腦具備各種功能，如果要我舉出一個大腦最重要的功能，我會毫不猶豫的回答「先下手為強（事先預測，採取因應對策）」。記憶這個大腦功能存在的目的，就是為了未來要運用所記下的知識，也就是為了預測做準備。我女兒也開始正式使用她的大腦了。

在野生動物的世界，「預測」帶有找尋食物、抵禦外敵或繁殖的功能，在人類的世界，則可孕育社會文化和相互溝通的土壤。

在大腦研究中，有個實驗便是記錄兩個正在對話的人其大腦的反應[64]，研究「聊得很起勁」或「很合得來」時，大腦會呈現何種狀態。

很合得來時，兩人的大腦會呈現同步狀態，大腦活動的波長也完全吻合。進一步調查後得知，聆聽者的大腦在聽對方說話「之前」，就已經開始活動，這結果非常讓人意外。

大腦波長之所以會吻合，乃是因為說話者的大腦狀態已經被聆聽者複製了。本來，聆聽者的大腦活動應該會稍微慢一點，因為在複製前會有一點時間差。但是，當對話的內容越吻合，聆聽者大腦的某個部位，就越能比說話者的大腦更早開始運轉，和原來的順序相反，而這個大腦部位便是和「預測」有關的部位。也就是說，聆聽者會一邊預測對方說話的內容，一邊聽他說話。而且，就是因為「預測正確」，所以雙方才會覺得對話時聊得非常起勁，有一股「很合得來」的感覺。事實上，詢問參加的實驗者後也發現，負責猜測的大腦部位活動越活躍，那種很合得來的感覺就越強烈。預測正確非常重要，預測正確時就會覺得很舒服，而「很合得來」就是一種舒服的感覺。

關於預測，女兒也出現了一個很大的變化，那就是她會做出「肯定」的反應。比方說，當聽到「差不多該起床囉？」她會點頭說「嗯」。一般來說，肯定與否定之間，孩子通常先表示否定（「不」、「不行」等）。因為否定就是不接受當下的現況，比較簡單。另一方面，說「嗯」就代表期待接下來要發生的事。如果聽到「差不多該睡覺囉」之後，以「嗯」回應，便是預測到「可以到床上休息」。這個時候，「嗯」是對未來的肯定，能夠表示肯定的女兒，對於未來應該也可以慢慢學會「先下手為強」。

小・故・事

為了不讓女兒闖進廚房，我們在廚房門口加了一道柵欄。某天，女兒看到愛犬球球穿過柵欄的縫隙進到廚房，她就用盡力氣打開柵欄，把球球趕到廚房外面。原來她之前打不開柵欄門都是裝的（笑）。

註釋

63 知道自己和別人不同，感覺似乎是很自然的事，但事實上，這並非那麼理所當然。出生後三個月的孩子，看到旁邊的孩子哭泣時，有時自己也會跟著一起哭，這應該就是兩者心理呈現一體。

(64) 參考文獻：Stephens, GJ, Silbert, LJ, Hasson, U. Speaker-listener neural coupling underlies successful communication. Proc Natl Acad Sci U S A, 107:14425-14430, 2010.

一歲四個月

人類和猩猩，誰比較幸福？

在非洲思考幸福這件事

我去了一趟非洲。因為深受非洲獨特活力的吸引，這已經是我第五次前往造訪了。這次的目的是在藥理學專業學會發表論文，回程路上，我順道去烏干達看野生大猩猩（Gorilla）和黑猩猩（Chimpanzee）。若硬要說得酷一點，這也是我研究的一環。

所有的野生大猩猩和黑猩猩看起來都很快樂，步調悠閒，感覺非常幸福，甚至讓我覺得「為什麼我要這麼辛苦的當一個人」（笑）。猩猩的四周有很多食物，就算吃光了，只要移動到下一個地方就好。幼小的大猩猩或黑猩猩吃飽之後，會把藤蔓當鞦韆盪著玩。牠們沒有固定居所，過一天算一天，生活非常恬靜詳和。

大猩猩或黑猩猩這些高等靈長類動物和人類相比，誰比較幸福呢？猴子應該完全不怕死，既不貪圖榮華、也不想出人頭地，更不想跟任何人競爭。就這一點來說，人類就算是很小的孩子也會不斷相互比較：「我要那個人的玩具」、「平常不是都會給我點心嗎」。姑且不論好壞，人類總是喜歡和別人或過去的自己比較外貌和當時的處境。

一千兩百萬年前，人類和其他高等靈長類分家，演化成現在的模樣[65]。人類總是覺得「自己處於進化的頂點，擁有地表上最大的權利」。但是，看了野生的猴子之後，我覺得這種想法真的非常可恥。很多生物都活得非常精彩，不，我們應該說，現在所有棲息在地球上的生物都處於「進化的頂點」[66]。

女兒看到相隔十天之後才回到家的我，瞬間出現了「咦，這是誰？」的表情。過了幾秒之後，她才露出笑容，興奮得差點從沙發上掉下來。看到女兒開心的表情，我突然發現，雖然大猩猩和黑猩猩也會彼此溝通，自成一個社會，但是，相較於人類，他們缺少的（如果真的有所欠缺的話），應該就是笑容。女兒綻放笑容的瞬間，我深深覺得「所有的人科動物中，我最喜歡人類」，因為我也是人類啊。

孩子是父母的鏡子

隔了許久再度相見，最讓我感到驚訝的是，女兒已經會唱歌了。以前她可以用鼻子哼著旋律，現在則是會加上歌詞，而且曲目也變多了，包括〈大象〉、〈鬱金香〉、〈一閃一閃亮晶晶〉，能夠記住這些歌，表示她的記憶力也變強了。

另一件與這有關的事是，她已經可以數到「十二」了。我想這應該是因為我以前總是在浴缸中跟她說「把肩膀泡到熱水下面數到『二十』。一、二、三……」，就這樣持續了一年的時間，不過，我去非洲之前，她還不會數數。

嚴格來說，女兒並不是真的在數數。她只是將數字的「聲音」，按照順序記下來，並不了解其中含意，就跟記憶歌詞的原理一樣。能學會數學，恐怕是很久之後的事。

最近，女兒開始要我幫她換尿布了，她會跟我說她可能尿尿或大便了。這幾天，和她一起到放置尿布的地方時，她還會伸手拿尿布。不過，等到尿尿或大便之後再告訴我應該比較容易吧，我比較期待她哪一天會在排泄前發現這件事，然後事先讓我知道。

出差回來之後，我覺得最有趣的事就是，女兒開始會說出「什麼？」、「咦？」等字眼，事實上那是我妻子的口頭禪。上個月，我曾寫到，當我說「啊」時，女兒也會開口說「啊」，而且是連同表情一起模仿。孩子果真是父母的鏡子。順帶一提，我的口頭禪是「卯足全力！」工作之前，我都會如此激勵自己一下。女兒雖然會自己爬上樓梯，但因為害怕而無法下樓時，我會刻意不幫她，只是開口說：「卯足全力！卯足全力下樓！」就算她跌倒我也不會伸手幫忙，就只是說著「卯足全力！卯足全力站起來！」在研究室，這個口頭禪是我的註冊商標，我希望女兒哪一天也能模仿我，雖然妻子並不覺得這是個好主意（笑）。

小・故・事

女兒開始模仿父母了。有一次我突然發現，她打開媽媽的書在看。她興致勃勃地翻著書，持續看了十幾分鐘。當我一邊想著「好厲害喔，這麼專心」，一邊走到她身邊，才發現她書拿反了（笑）。

註釋

65 人類是猴子的一種。說得更正確一點，人類是屬於「哺乳綱、靈長目、人科、人亞科、人族」的亞種，所以人類是靈長目。順帶一提，大猩猩和黑猩猩都是屬於靈長目人科的生物，也就是說，「大猩猩和黑猩猩都是人」這個說法，廣義上來說沒有錯。日本獼猴（Macaca fuscata）並非屬於人科，而是猴科（Cercopithecidae）。

66 地球上，擁有「大腦」的生物僅占全體的〇．一三％。也就是說，統御地球的是沒有大腦的生物，他們才是生物界的霸主；擁有大腦的生物，以數量來說是屬於少數的「弱勢族群」。大腦是會大量消耗能量的器官，為了維持大腦運作，生物必須到處移動，攝取許多食物，而最極端的例子就是人類。大腦占身體絕大比例的人類，若以油耗來比喻，所耗費的能量幾乎可說是「最高的」。

Column 04

進一步了解！

大人的大腦發育專欄

「草率馬虎」這種人類智慧

日本有句話說「伯勞的速成貢品」，指的是伯勞鳥會把捕獲的戰利品串掛在樹枝上，作為日後的食物，但到手的獵物常常就這麼擺著，然後被忘得一乾二淨，這是晚秋的景象。因為這種現象，自古以來，伯勞經常被用來形容記性很差的人，差到連自己捕獲的食物都會忘記。另外，也有句話說「雞只要走三步就會忘記」，大致上就是用來形容「人類的大腦馬上就會把事情忘得一乾二淨」。

從大腦的觀點來說，事實並非如此，人類記性的準確度高到讓人驚訝。

比方說，先讓受測者觀看稍微有一點歪的正三角形，一個月後，再讓他們回想當時看到的圖形並畫出來，他們會畫出沒有歪斜的正三角形。些微的歪斜誤差對人類來說不會造成任何影響，他們並不會多加注意。

但是，鳥類卻會嚴謹區分那微妙的差異。一有差別，牠們就會認為那是不一樣的東西。鳥類可以像拍照一樣，正確無誤地記憶風景。

事實上，就是因為記憶正確，所以「伯勞的獵食」才會被遺忘。大家知道為什麼嗎？只要把自己當作伯勞來思考就會了解。就算現在將串上獵物的樹枝與其四周風景如拍照般正確無誤地記住了，但是，一旦枯葉或枯枝被風吹走，風景就和照片般的記憶不一致。也就是說，伯勞會認為「這食物不是自己捕捉到的獵物」。

記憶如果太過正確，實用性就會變低，草率而模糊的記憶反而比較有用。

比方說，要記住某個人物時，如果把對方宛如照片般記憶下來，一旦從其他角度觀看，那個人物就會變成別人。如果記憶沒有適度的模糊、放寬，甚至會無法認識他人。記憶若單純只是正確，並沒有什麼用，記憶時必須緩慢而模糊。

在「緩慢」中，還要加上「模糊」這種重要的記憶要素。因為一旦將一開始從某個角度看到的臉孔記憶成「A先生」，從其他角度觀看時，「A先生」就會變成別人；如果馬上將以全新角度看到的臉輸入、保存下來，認為「這才是A先生」，這時第一次看到的臉又會變成別人。

而要解決這個問題的唯一方法就是「保留」。也就是說，不要馬上做出結論，而是對從特定角度看到的臉持保留態度：「這應該是A先生」，如果還有從其他角度看到的臉，也要重複地持保留態度：「這應該也是A先生」。此外，如果沒有花點時間，慢慢學習兩者的共通點為何，還是無法形成可使用的記憶。

記憶力和想像力成反比

一般而言，記憶力好的人比較沒有想像力。因為，記憶力出色的人，總是可以想起事情的每一個細節，不需要靠想像力彌補不記得的部分。如果平常沒有練習「靠著幻想填補不清楚的部分」，想像力就無法成長，因為模糊的記憶力就是想像力的泉源。

大家聽過海克爾（Ernst Heinrich Philipp August Haeckel）的「復演說」嗎？不管是魚類、烏龜、鳥類還是人類，受精之後，馬上就會出現類似的外觀。但是，人類在成長之後，雖然會變得不像魚類，還是會有點類似烏龜。之後，又成長為人類的模樣……，以此類推。換言之，這個學說主張胎兒會宛如描繪漫長進化歷史般的成長，專家稱之為「個體發生是在模仿系統發生」。實際上，因為有許多例外，所以在某個時期，有很多人反對「海克爾的復演說」，但最近又有人認為「這個學說大致正確」，而加以支持。

「海克爾的復演說」就記憶力來說是成立的，因為記憶模式的發展也會宛如描繪進化過程般發生變化。

也就是說，幼兒的記憶力看似非常優異，若不怕大家誤解，或許可解釋為「因為幼兒就像進化初期的動物」。孩子非常擅長「正確記憶」，所以，他們的記憶還無法真的拿來實際運用，但這些記憶會隨著成長，而逐漸成熟、變成大人特有的「曖昧的記憶」。

有的時候，我們會聽到「好羨慕小孩不管什麼都可以馬上記住」這種說法，但這其實是錯誤的想法，就是因為孩子的大腦尚未成熟，所以他們只能正確記憶。

人類的大腦和猴子不同，隨著成長，進行「模糊記憶」的能力會逐漸發達。能夠記住日文的平假名，也是拜這種模糊記憶所賜。因為如果記憶正確，就不會把日文字帖的「あ」和手寫的「あ」念成同一個「あ」字，若只能念出某種特定的「あ」，那真的會非常困擾。從這一點來看，人類馬虎草率的記憶力，著實是我們的認知核心。

一歲五個月

「自己」誕生了

鏡子裡的人是誰？

女兒更能理解身邊的人所講的話了。我拜託她幫我把脫下的衣服「拿到洗衣籃去」時，女兒就會拿過去，媽媽跟她說「把筷子拿過來」，女兒也會拿著筷子過來。雖然離雙向對話還有一段距離，但女兒已經會用行動回應我們了。而且，因為我和妻子會因為女兒的行為而非常開心，所以她有時也會把各種我們沒有要她拿的東西帶過來，示意要我們看（笑）。

說到這個月的巨大變化，是女兒已經知道鏡子裡的人是自己了[67]。某天，女兒站在鏡子前、戴上帽子，注視著映照在鏡子裡的自己。只有烏鴉、黑猩猩、海豚、亞洲象等極少部分的動物，能夠認得鏡中的自己。就連狗也沒辦法，狗雖然可以認出映照在鏡中的飼主，但若沒有加以訓練，牠們就無法認出鏡中的自己。

因此，我想確認女兒是否真的知道映照在鏡中的人就是自己。我趁女兒不注意時，在她額頭上貼了一張貼紙，然後把她帶到鏡子前……結果女兒馬上撕掉額頭上的貼紙，我把貼紙貼在她臉上其他部位時也一樣。若是貼上大張貼紙，女兒看著鏡子時，還會驚嚇到哭了出來，這表示她的確知道映照在鏡中的人就是自己。

嬰兒出生四個月後，就開始可以區別電視中的人物與真實世界的人。以女兒的狀況來說，一歲三個月時，她看到照片中的媽媽會叫「媽媽」。這個月，她已經可以識別鏡中的自己，我們可以說她已經知道自己和其他人不同，是「個別的存在」。人類是在能夠認識身邊的人之後，才認識自己。若以順序來說，會先注意到他人，然後才注意到自己。到了某一天，他們會將觀察他人的視線朝向自己，然後發現「自己」這個與他人截然不同的個體[68]。

想要認識某人，必須具備看出「不變性」的能力。比方說，孩子的模樣會隨著成長而改變，大人也不會永遠維持相同的髮型和服裝。在這個容貌隨著時間而改變的世界中，如果可以找出背後的同一性，亦即不變性，就算髮型和服裝不同，只看背影也可以認出「爸爸」、「媽媽」。換句話說，女兒會看著鏡中的自己，就是她發現了「自己的不變性」，不變性會超越時間，維持一定，就因為時間感被強化了，才能夠認知到這種不變性。

知道是誰的東西？之後……

讓我們更進一步來看看認識「自己」這件事。人類會隨著成長，打造出「自己」這個統一的概念。比方說，在晚上就寢、早上清醒的睡眠過程中，意識會中斷。但是為什麼隔天早上清醒時，還會知道「昨天的自己和今天的自己是同一個人」？事實上，這並不是「知道」，單純就是「如此相信」而已。人類並不認為自己在睡覺時會變成另一個人，我們會在沒有明確根據的狀況下，相信「自己永遠存在」、「今天的我是昨天的我的延伸」。不，如果不如此深信，「自己」就不會誕生，是相信自己的力量創造出自己。也就是說，女兒終於產生對自己這個存在的堅強「信念」[69]。

以下的例子應該和上述有點相關。女兒已經知道「爸爸」和「爸爸的」在用法上有什麼不同。眼前這個人是「爸爸」，這個皮包是「爸爸的」，她會這樣區別「爸爸」和「爸爸用的東西」。我們大人雖然會很自然地使用「爸爸的」、「媽媽的」這種「說明東西屬於誰」的描述，但事實上，這件事非常難。因為光是加上一個字，所指稱的對象就從主體徹底變成附屬物。女兒還不會使用主詞和動詞，但是，就像這個例子一樣，她慢慢學會將單字加以組合（將「爸爸」和「的」組合成「爸爸的」），創造出與原來不同的意義。指稱自己的鞋子時，她會加上自己的名字說「〇〇的」。要去散步時，就會挑出那雙鞋子，把它拿過來。

這樣的語言變化，和鏡中自我的認知相互連結。女兒可以區分映照在鏡中的鼻子是「自己的鼻子」還是「爸爸的鼻子」。「這是爸爸的鼻子……所以可以把手指插進去！」女兒毫不留情的把手指插入我的鼻孔中，但她並不會把手指插進自己的鼻孔……（笑）。

小故事

女兒的字彙越來越多。她最近學會了「嬰兒」這個字。前幾天散步時，她指著和自己差不多年紀的孩子說「嬰兒~」。這麼說，她自己也是嬰兒囉?!

67 一般來說，嬰兒出生後四個月開始，就會對映照在鏡中的自己的模樣感到好奇。一歲之後，他們會慢慢理解「鏡像和實物不同」這件事。而到了一歲半左右，他們終於知道鏡像就是自己的模樣所映照出來的（參考文獻：百合本仁子、一歲幼兒的鏡像自我認知發展、教育心理學研究，29:261-266, 1981.）。

68 判斷對方是敵人或獵物，對野生動物來說是「攸關生死的問題」。所以在進化的過程中，會先發展觀察他人的能力。不過，特意將觀看他人的視線朝向自己，並非生存的必備要素，因此，動物基本上並不會觀察「自己」。可以從自己的角度，觀看自己、進而意識到「自己」，應該是人類特有的能力。相反的，如果是在四周完全沒有人煙的無人島獨自成長，應該就不會注意「自己」了。

69 這一點非常重要。因為說穿了就只是「如此相信」。以哲學的角度來說，「自己」有可能是幻影或虛構的。

一歲六個月

用兩個單字讓表達的內容更豐富

開始用兩個單字來表達了！

女兒開始擺動雙手走路了。一直到最近，她走路時還是像彌次郎兵衛一樣，必須把雙手往兩旁張開、維持平衡，感覺似乎要很努力才不會跌倒。但現在，或許是往前走的意志變強了，她靠著揮動手臂得到推進力，偶爾可以看到她順暢行走的模樣。

前幾天，我家附近辦了一場運動會。她第一次出場，因為還不會走路，所以賽跑得了倒數第二名。或許是為人父母者的自我感覺良好，我心想，因為她是三月出生的，所以這成績應該算很不錯了。我原本一直很擔心女兒是否可以了解「賽跑」的意思，但她竟然能順利抵達終點，讓我非常感動。

這種不容錯過的變化每天都在發生，這個月最大的變化是，女兒進入了雙單字期，也就是說她能將兩個單字加以組合，說出有兩個詞的句子。不過，她講的第一句話竟然是「媽媽好兇」（笑）。不知道她說話時是否真的了解字面上的意思，但她講出這句話時，我不由得大力點頭，表示贊同（笑）。妻子似乎不太認同女兒的這句話，但為了承認女兒進入雙單字期，雖然有點勉強，她還是覺得很開心（笑）。

在那之後，女兒連結兩個單字說出的句子越來越多，像是「拿那個」、「媽媽起床」。雙單字期的優異之處便是，話語的變化性會隨著單字的組合大幅增加。

聽到女兒的雙單字句子，我覺得不可思議的是，她一定會在名詞後面加上形容詞或動詞，像是「狗狗過來」或「有狗狗」。雖然沒有上過國文課，卻可以很自然的按照母語的正規文法來連結單字。光是一年半的聽力練習，就可以這樣學會文法，這應該是因為人類大腦具備學習文法專用的神經迴路[70]。

之後，女兒又學會了「這是什麼？」、「那是什麼？」。除了平常眼睛看到的，她也會用手指著第一次看到的有特徵的東西發問。電視上出現海豚時，女兒會說「那是什麼？」似乎對生物特別感興趣。但老實說，我並不知道她是真的因為好奇而發問，還是因為父母會有反應並回覆而感到開心，所以才發問。女兒發問的頻率多到讓人厭煩（笑），不過，我還是努力耐著性子，一一回答。

變得很會堆積木

在語言能力不斷發展的同時，女兒的行動也變得更複雜了。最近，女兒的要求變得更加細瑣，等級也變高了。比方說，她會把錄有自己喜歡歌曲影片的ＤＶＤ拿到我這裡，在我面前唱著自己想聽歌曲的片段。我想她應該是要我幫她播放ＤＶＤ中的那首歌給她聽。

除此之外，她也變得很會堆積木，有時，甚至可以將十塊左右的積木重疊堆起。不過，大部分的時候都會夾帶小積木，所以才堆了幾塊就倒了。她似乎還沒有大小的概念，無法理解從大的積木依序堆疊比較容易保持平衡。

除此之外，當我說「堆綠色的積木」時，她還無法聽懂。她雖然知道「綠色」這個字，但似乎還無法理解塗在積木上的顏色。至於小狗，不管是哪一種品種的小狗，她都知道牠們是狗，應該是可以用一個名詞來涵蓋同一種類的東西，不過，用來描述東西的特徵，例如表達顏色、大小等概念的名詞，對女兒來說似乎還很困難。

最近，她有幾天沒辦法叫出「爸爸」。這段期間，我的稱呼變成「媽媽」，她會叫我「媽媽」（笑）。雖然她知道有「爸爸」，不過把它和「媽媽」搞混了。後來「爸爸」

還是復活了，但有趣的是，這種重新分解、產生的全新「爸爸」被運用在比以前的「爸爸」更高等、更複雜的雙單字句子。

這是很重要的過程。曾經學會的話語和概念，之後並不會就此固定或一成不變。女兒在自己的大腦中不斷重複塑造概念又加以破壞，塑造又破壞，讓概念逐漸深化。在這個誕生崩壞的過程中，她會擷取其他要素，一邊重新建構意義，讓知識和概念得以成長。

關於這一點，大人也一樣，加入新的看法後，之前的價值觀雖然會崩垮，卻可以在吸收新見解的同時，重新建立新的標準。在不斷崩壞與重建的過程中，打造自己的固有世界觀。一直到開始養育小孩之後，我才發現，在人生中，這件事這麼早就開始進行了。

小・故・事

當我幫女兒做某些事時，她不會說「謝謝」，而是說「感謝」（笑），這應該是模仿我的。喝茶的時候，她也會發出「哇～～」的聲音，這是模仿我喝啤酒時的模樣。我想我以後可能要收斂一點了（笑）。

註釋

⑳ 參考文獻：Chomsky, N. The logical structure of linguistic theory . Plenum Press, 1975.

一歲七個月

正在哭的孩子若不會馬上破涕為笑……

能了解他人的「疼痛」?!

上個月開始，女兒已經學會說由兩個單字組成的短句。最近，她開始可以指著自己的鼻子說「〇〇的鼻子」，又指著我的鼻子說「爸爸的鼻子」。

她似乎也開始知道「痛」這個字和痛的概念。在爸媽沒看到時被夾到手指後，她會一邊說「好痛、好痛」，一邊用手指著剛剛夾到她的地方告訴我們「這裡夾到」。

女兒也開始可以理解「癢」這個字了。一開始，她把「會癢」說成「會痛」，但當我告訴她「這個叫『癢』」，她馬上就可以區別了。藉著學會表達感受的單字，她把「癢」從「痛」切分出來，理解的程度也跟著詳細劃分。

某一天，女兒走過來讓我看她的右手，告訴我「很癢」。然後，她又伸出左手說

「這裡沒有」。也就是說「右手很癢，但左手沒事」。這雖然只是個平凡無奇的句子，卻非常重要。因為，女兒除了了解「身體左右對稱」這個事實，還知道「右手和左手不同」。她現在才逐漸有這種多次元的概念。

昨天，我去幼稚園接女兒時，因為女兒想走路回家，我只好推著空的嬰兒車。我讓女兒先進電梯，而在我進電梯時，因為門剛好關上，我被夾到了。看到這幅景象的女兒說「爸爸痛」，這讓我有些驚訝。她竟然這麼小就知道他人的痛苦。

唯有透過刻意地將「疼痛」這種只有自我才能感受到的主觀經驗，投射到他人身上，才能理解他人的痛苦。「疼痛」除了有自己與世界相互連結的鮮明感受，也會因為它無法和別人共有，而讓女兒意識到存在於自己與父親之間的那條自我和他人的界線。

不過，女兒絕對不是因為出於同情而擔心「爸爸痛嗎？」，她只是單純指出這個事實而已（笑）。

「容易記恨」是成長的證據

女兒在這個月還有一個重要的變化，那就是「工作記憶」（Working Memory）發達了。

所謂工作記憶，簡單來說就是短期記憶。工作記憶對人類的生存來說非常重要，它堪稱構成意識骨幹的重要大腦原理[71]。為了適當地先下手為強、處理現狀，必須將之前經歷過與未來會發生的事加以連結，把這樣的資訊暫時保管起來，而負責這項工作的就是工作記憶，它不只可以讓工作更有效率，舉例來說，自己正在體驗「自己這個實際存在的人」的這種自我意識，也是工作記憶的結果。因為自我意識也是可以超越時間而被保存下來的記憶。

嬰兒哭的時候，只要拿玩具給他，他馬上就會破涕為笑。這是因為記憶無法維持，所以不能連結過去和未來。孩子都活在當下，女兒不久之前也是如此。但最近，我發現那瞬間記憶可以維持的時間似乎稍微變長了。

因此，我做了一個實驗。我在女兒拼拼圖的時候，跟她說「有果汁喔」，企圖打斷她。一直到上個月之前，女兒還會被果汁吸引，忘記自己正在拼拼圖。但是現在，就算喝了果汁，她還是會回來繼續拼拼圖。可見她的短期記憶，亦即工作記憶正在成長[72]。

不過，工作記憶形成之後，也會變得「容易記恨」。當女兒必須把正在玩的玩具還給朋友時，以前，她雖然會在玩具被拿走的瞬間有所抗拒，但馬上就忘記；但是現在，不光是把玩具拿走這件事，連拿走玩具的人她都會記得一陣子。所以，那位朋友回家時，女兒嘴裡說著「bye-bye」，但臉並沒有看著對方。雖然她這樣的舉動讓我有點困擾，不過這正是成長的證據（笑）。

• 小 • 故 • 事 •

我們全家一起上百貨公司。我發出「噓」聲，暗示在電梯中大聲唱歌的女兒保持安靜。結果，女兒很大聲的模仿我——「噓」，反而讓她吸引更多人的注意（汗）。

註釋

71 參考文獻：Baddeley, A. Working memory and conscious awareness. Theories of memory, 1992.

72 除了和工作記憶有關，這也和「前瞻性記憶」（Prospective Memory）有關連。所謂前瞻性記憶，指的是記住往後該做的事，並在必要的時候回想起來的能力。假設預計在上班途中寄信，一旦欠缺這個能力，就會直接把信件帶到公司。前瞻性記憶也有一種比較炫的說法是「未來記憶」。

一歲八個月

顏色有很多種

「不要不要期」終於到來！

女兒終於也來到了「不要不要期」，也就是「第一個叛逆期」。我知道這是所有人的必經之路，但……

雖然之前也出現過「疑似『不要不要期』」的叛逆行為，但這個月的叛逆程度更勝一籌。她會躺在地板上，不管你做什麼她都不要。問她「要吃嗎？」、「No」，再問她「不想吃嗎？」、「Non，Non」。就算是問她「想玩嗎？」、「會玩嗎？」，答案全部都是「Non」……。女兒不是說「不要」，而是會說帶點法國味道的「Non」，雖然我並沒有這樣教她（笑）。

有人說「不要不要期」是形成自我人格的重要過渡期。發展心理學說「如果這時候勉強壓迫，孩子以後就會變得無法好好表達自我」。照顧女兒的同時我心想，原來他們就是用這種方法來確立自我。

對於女兒，我們會保持距離地守護著她，平常不會管太多。不過，早晨趕著上班時，絕不能這麼放鬆。看到「不要不要」的預兆時，如果不謹慎滅火，之後就會天翻地覆，反而更花時間。

如果已經進入「不要不要」的狀態，我會把女兒抱到鏡子前，讓她看著鏡子，跟她說：「你看，有個小孩在哭喔～」現在，只要我一這麼做，她就不哭了。雖然多少還會有點耍賴，但只要我一說「是誰在哭啊？」我們兩個人就會開始對話。透過鏡子讓女兒客觀的看著自己，似乎就可以開始慢慢收拾。

像這樣導入第三者觀點的自我觀察，也可以培養孩子的理解力和忍耐力。也就是說，就因為有「不要不要期」，可以學習的事又變多了[73]。

有語言就可以開始「認識」

我在前文中提到，學會語言之後，就可以認識事物的微妙差異，而讓我再次強烈感受到這一點的是分辨顏色。這個月，女兒記住許多顏色的名稱。

她最早學會的是「黃色」和「紅色」，那時「藍色」對她來說似乎有點困難。某一天，我讓女兒看了藍色的積木，因為她說那是「紅色」，所以我拿了紅色積木給她看，告訴她「這才是紅色」。接著，我又拿藍色積木給她看，這次她回答那是「黃色」（笑）。所以我拿了黃色積木給她看，告訴她「黃色是這個，剛剛那個是藍色」，就這樣重複了二十次左右。結果，那天晚上，女兒很有精神地說著「藍色、紅色、黃色！」的夢話……。這時我覺得女兒有點可憐，二十次的特別訓練或許是太嚴格了點（笑）。

但是隔天早上，我讓女兒看了藍色積木，問她「這是什麼色？」她帶著笑容，很輕鬆地告訴我「藍色！」。記憶會在睡眠中定型，這是大腦研究中非常知名的理論，此刻我很確實的感受到，人類從小開始，就會在睡眠中吸收語言。現在，當我說「藍色在哪裡？」除了積木之外，女兒還會把房間中所有藍色的東西都拿過來。

知道三種顏色的名稱之後，速度就很快了。女兒馬上學會「黑色」、「綠色」、「粉紅色」。然後，我發現一件很有趣的事，如果是介於紅色和黑色之間的顏色，女兒會說「到這邊為止是紅色」、「到這邊為止是粉紅色」，區分的界線和我不同。

比方說，我們都認為有七種顏色的彩虹，是由光線的光譜排列而成，但是光線的波長是由連續性能量來決定，所以本來不是分成七種顏色。但因為我們都稱彩虹為「紅、橙、黃、綠、藍、靛、紫」，所以就把彩虹分出七個顏色。順帶一提，在美國，彩虹是六個顏色，在中國，彩虹則有五個顏色。因為有不同的對應詞彙，所以即使同樣的東西，觀看的方法也會不一樣。

不過，這次女兒的粉紅色讓我知道，就算是同樣的詞彙，所涵蓋的顏色境界也會因人而異。單字和分類——，顏色的識別真的是非常有學問啊[74]。

女兒學會用來說明身體部位的字彙也增加了。「肩膀」、「手腕」、「手肘」、「手指」、「肚子」、「屁股」、「腳跟」……因為懂得這些字，所以也可以仔細劃分身體的各個部位。

某一天，女兒指著自己身體上的各個部位一一問我「這是什麼？」「眼睛」、「這個呢？」「耳朵」……我們玩著問答的遊戲。然後，女兒又指著鼻子問「這個呢？」，當我回答「鼻子」之後，女兒竟然說出自己的名字「這是〇〇」。女兒當然認識「鼻子」這個單字，這回我有種被女兒將了一軍的感覺（笑）。

小・故・事

只要看不到我，女兒一定會問妻子：「爸爸呢？在上廁所嗎？」好像我的膀胱很無力似的。只要看不到妻子的身影，女兒則一定會問：「媽媽呢？在睡覺嗎？」……基本上，這兩種說法都沒錯（笑）。

註釋

73 之所以會有「不要不要期」，乃是因為孩子的要求和社會規範或父母當時的狀況有衝突。孩子在試探自己的要求可以被接受到什麼程度，同時也是在試探父母的耐性。這個時期，父母會覺得很痛苦，有時還會深感煩惱，但事實上，我們應該為孩子這種心理層面的成長而開心。請參考從一五三頁開始的內容。

74 一歲半後期的幼兒稱為「命名期」，因為知道東西都有名字，所以會頻繁地詢問東西的名稱。藉由這些疑問而學會的單字爆炸性的增加，在命名期，詞彙會增加三百個左右。

Column 05

進一步了解！
大人的大腦發育專欄

立體拼圖和「心像旋轉」

玩積木和立體拼圖[75]對大腦的成長非常有幫助，因為這是需要「立體空間」想像力的遊戲。玩積木或立體拼圖時，必須依序按照「想像」、「計畫」、「執行」、「內省」這幾個步驟，在每個零件都凌亂分散的階段，「想像」一個大概的方向：「要做出這樣的東西」，然後針對這個目的加以「計畫」，再來是實際「執行」，最後是回頭「內省」這個結果是否成功。

工作、打掃、煮飯——大人在實際生活中也會依循相同步驟。正因如此，帶有「想像」、「計畫」、「執行」、「內省」這套初始體驗的立體拼圖，才會被視為踏出這重要一步的玩具。

事實上，培養立體空間想像力的好處不止如此，關鍵就是這麼做也可以訓練「心像旋轉」（Mental Rotation）的能力。

心像旋轉是「聰明」的基礎

心像旋轉指的是可以在大腦中自由翻轉、觀看物體的能力，這是我們的基礎認知能力。如果無法做到心像旋轉，我們從不同的角度觀察某人時，就無法看出對方是同一個人，因為必須綜合從各種角度看到的影像，才能知道自己看到的是「同一個人」（請參考從一〇九頁開始的內容）。

讓心中的物體旋轉時，大腦皮質的頂上小葉（Superior Parietal Lobule）會開始運作。這件事非常重要，因為頂上小葉是負責從各種角度來檢討事物的大腦部位，這是一種將假想物體放在大腦內，一邊加以旋轉，一邊從各種角度來觀看的能力。比方說，足球選手在送出殺手傳球（Killer Pass）[76]時，他會從宛如由空中俯視球場般的角度，來掌握其他選手的相關位置。這種將視線放在自己身體之外的行為，也可稱為「幽體脫離」。

像這樣自由移動視角，不僅是足球選手必備的能力，也是「立體思考」的基礎。立體思考大致分為「水平思考」和「垂直思考」。「水平思考」是將某個問題的解決方法套用在不同問題上的能力，那是一種可以推測出「應該可以用這個問題的解法來解開那個問題」的應用力。「垂直思考」則是徹底深入探究、思考問題的能力，亦即對某種現象進行「背後藏著什麼樣的原理」之類的分析。兩者都是以有彈性的觀點，亦即以自由移動視角為基礎的思考力。而負責這種立體思考的就是頂上小葉，站在「他人的角度」來思考也是心像旋轉的能力之一。會想到「這個孩子很傷心」是水平思考，也就是立體思考的一環，換句話說，心像旋轉也和「體貼」與「共鳴」有關。

此外，自制力和自我修正這兩種能力也會因為心像旋轉而產生。從旁人的角度來看自己，注意到「這就是我的缺點」而加以反省，或是發現「我很擅長這件事」的自我評價，就是立體思考所帶來的好處。

換言之，心像旋轉是人類成長的驅動力，也是人生的加速器。

「這個蘋果和昨天放在桌上的蘋果不一樣」、「梨子和蘋果很像」、「蘋果切開之後會有芯，那梨子有沒有呢」……思考可以像這樣不斷延伸。換句話說，心像旋轉是「聰明」的通奏低音（Basso Continuo），而可以培養心像旋轉的遊戲，就是積木和立體拼圖。

註釋

75 非二次元（平面），而是三次元（立體）的組合拼圖。有些有固定的成品形狀，有些則是可以自由組合。

76 打造敵隊無法預測，且對自家球隊有利局面的關鍵性傳球。

一歲九個月

「我」在哪裡？

就算聽不懂，父母也要以「是啊」來回應

看著成長中的孩子，常會發現她昨天還不會做的事，某一天突然就會了。那個時候，我總不禁覺得孩子「好厲害！」。前幾天，我們和有同齡孩子的鄰居一起聚會，發現好多孩子成長的速度比女兒還快。

就拿某個女孩來說，當她看到媽媽拿了爸爸的筆來用時，會很生氣的說「那是爸爸的」，她不想把所有權轉讓給別人。至於我的女兒，自己的東西被別人拿走時她會生氣，但別人拿走其他人的東西時她就完全不在乎。另一方面，相較於其他孩子，女兒會說出更多顏色的名稱，進度似乎比其他孩子要快。每個孩子的成長都有其不同的個性。

我女兒從上個月開始了解顏色的特性。最近，她又知道了「大」、「小」這些形

狀的附帶概念。前幾天，她說出「爸爸，樓下」，意思是在催促我先步下樓梯。除了「上」、「下」這種位置關係，她也開始會說「前」、「後」。當女兒說「你看」，但我沒有回頭時，她會再追加一句「爸爸，後面!!」（笑）。以發展心理學來看，我們不太確定這個時期的孩子是否真的能夠理解空間的位置關係，但應該可以看到那個跡象了。

女兒即將從雙單字期畢業。之前，她總是說著兩個詞組成的句子，但最近她開始使用助詞，更正確的依照文法來說話。將三個或四個單字加以連結所造出的句子也增加了。

不過，雙單字期時所說的話非常清楚且容易了解，反倒是最近，或許是因為她努力要說出複雜的句子，反而不容易聽懂，說話能力比以前更差，不禁讓人以「咦？」這個大人的慣用語來反問。

不過，妻子的態度就和我不同。她會帶著微笑，溫柔聆聽女兒說的話，然後加以回應：「就是說啊。」看了之後，我開始學習妻子，帶著笑容回答「是啊，是啊」[77]，而女兒也非常滿意。不過，對話結束後，我和妻子通常會對看一眼，然後開始猜測「剛剛是在講什麼呢？」（笑）

在認識位置關係的同一個時期，女兒出現了一些值得注意的行為。她經常一邊念著「咕嚕咕嚕」，一邊畫出圓形，然後把那張紙給我看，「爸爸，你看」。但因為她把畫的正面朝向自己，我只能看到背面。

最近，她開始會把畫轉過來給我看了。或許大家會覺得這只是雞毛蒜皮的小事，對我來說卻是不容錯過的大事。因為，女兒了解了「光的直進性」這個物理學的大原則。

我們之所以可以看到東西，乃是因為照射在東西上的光線，被物體表面彈回來、進入瞳孔。如果有其他東西遮住光路，就看不到那個東西。當女兒把畫朝向我時，表示她已經適應這種光線的物理特性，而且也了解「自己看到的內容和對方看到的內容不一樣」。也就是說，她在大腦中想像了他人的視角，這也是「心像旋轉」（參照一三二頁）的應用。

就專業術語來說，以自己為中心的視角，稱為「自我中心視角」（Egocentric），從外部看自己所在位置的視角，稱為「非自我中心視角」（Allocentric）。「自我中心視角」看到的是東西本身，所以會隨著視覺機能的成長而萌芽，而「非自我中心視角」並不是自己看到的風景，必須把視角放在外部，脫離自己的身體。換言之，女兒「把圖畫朝向對方讓對方看」的舉動，正是「非自我中心」視點的萌芽。

順帶一提，在我看來，女兒畫的畫只是圓的集合體，但對女兒來說卻是「蝴蝶」或「小狗」。所以，當她問我「這是什麼？」的時候，我都非常緊張。因為如果沒有猜對，女兒就太可憐了，所以我通常都一邊推測，一邊用帶點猜謎的味道回答「應該是〇〇吧？」

小故事

出門散步時，女兒總是不想牽手，要一個人走。不過最近，她突然會自己來牽我的手：「牽手——」我好久沒聽到女孩子跟我說這句話了（淚）。

註釋

(77) 認真和孩子相處非常重要。言不由衷的敷衍回應不僅沒辦法溝通，或讓他們安心，也有可能造成孩子對父母的不信任。

一歲十個月

第一次「說謊」

學會「在哪裡」和「什麼」

最近，家裡的東西經常找不到。昨天，我家從早上開始就因為找不到錢包而慌亂。因為飛機起飛的時間快到了，我從妻子的錢包抓了幾張鈔票和一張信用卡就奪門而出。中午，妻子打電話到我出差的地方說：「女兒把錢包拿出來給我，還一邊說著『這是爸爸的。很重要』。」女兒把我的錢包藏在家裡的某個地方，現在又從某個地方把錢包拿出來。之前，女兒會把各種東西藏在房間的縫隙、沙發後面或冰箱中等意想不到的地方[78]，但她會忘記自己藏在哪裡。現在她已經有所成長，記得自己把「什麼東西」藏在「哪裡」，也就是說，她的記憶已經可以維持很久。因為記得自己把錢包藏起來，所以找到它、拿出來。只是，當時我已經出門很久了……（笑）。

記得個人體驗的記憶稱為「情節記憶」（Episodic Memory）[79]。情節記憶中至少要有「什麼時候」、「在哪裡」、「什麼」三個要素。而這三個要素都成立的時期，大概是就學前後。小孩就學之前，即使帶著一起去旅行，多半都不會記得。以我女兒來說，這三個要素中，「什麼時候」這個要素還很模糊，「在哪裡」、「什麼」這兩個要素應該多少了解一些。我想「情節記憶」的準備階段應該很快就會來到。

「說謊」是高等行為

這個月的關鍵字是「Perspective」，雖然翻譯為透視法，但以腦科學來說，它意味著「觀點」、「預測」，它是預測眼前看不到的事物的基礎能力。

前幾天，我們出去玩。當我跟女兒說「要回家囉，來穿鞋子吧」，只見她手上拿著自己的鞋子，把鞋子藏在身後，然後說「沒有鞋子」。因為還想玩，所以說了「鞋子不見了」這個「謊言」。而且，因為「藏在身後」，所以是掌握了對方的視野之後而採取的行動。這一連串行為正說明著女兒大腦迴路中的「觀點能力」正在發展。

說謊是很高等的認知行為。之前，如果是同樣的情況，女兒通常會說「不要！」，用言語表達還不想回家這件事，但這次她把鞋子藏在爸媽看不到的地方（因為不太會藏東西，所以實際上還是看得到），雖然大腦中知道「有」這個東西，但嘴上選擇說「沒有」。

說謊至少要有三個要素。首先，要有目的，也就是想要做什麼，第二是要了解「自己知道真相」但「對方不知道」這種自他認知的差異。第三是必須能夠為了達到目的，想出「讓對方不知道真相」的「手段」，亦即「觀點」。如果這三個要素都符合了，但目的和手段並不一致，還是沒辦法說謊。也因為如此，說謊是很高等的認知過程。

對了，女兒說話時開始會使用過去式了。除了「吃」之外，也慢慢學會說「吃過了」、「吃掉了」。雖然才剛會用動詞，但時間「透視」已經開始萌芽。唯有能夠從現在自己的所在位置回溯時間、看到過去的自己（不存在於眼前的「過去的自己」）的觀點，才有辦法使用過去式。

懂得把鞋子藏在身後和會使用過去式，這兩者都有懂得透視事物的觀點，亦即「預測」這個共同點。一般來說，有了「前・後」、「左・右」等空間性的觀點，接下來，才能理解「過去・未來」等時間上的先後順序。而離開這種空間或時間的物理性制約，往心理性透視法發展的例子就是「說謊」。「對方不知道」、「事跡不會敗露」就是心理空間的觀點。

找到錢包、鬆一口氣之後，沒多久，電視遙控器又不見了……。我和妻子兩人拚命找了許久還是找不到，心想搞不好是幾天前被「藏在」垃圾桶中，只是昨天我們已經把垃圾丟了。

小故事

碰到喜歡吃的東西，女兒總是會耍賴地說：「還要一個。」

之前，因為她感冒了，我餵她吃藥，結果她依然說：「還要一個」（笑）。

註釋

78 「藏」這個概念，是大人單方面的看法。女兒並不是真的想使壞，才把東西藏起來，她是認真的想玩。女兒試著以物體的移動或交換，和這個世界溝通。

79 參考文獻：Tulving E, Donaldson W. Organization of memory, New York: Academic Press, 381-403, 1972.

一歲十一個月

不管好或不好，都跟父母越來越像

孩子會全盤吸收各方訊息

女兒快滿兩歲了。回首這兩年，在孩子出生前後，時間流逝的速度完全不同。大家都說，童年的時間過得很慢，長越大，時間就過得越快，但是，和女兒一起生活之後，我覺得自己似乎回到孩童時期的時間感，每一天都過得非常充實、豐富，感受最深刻的就是育兒的快樂。

最近，有些事讓我覺得孩子真的在仔細觀察父母。在我家，我曾經教女兒「不能隨便按」冷氣遙控器或音響遙控器的按鈕。

某天，女兒看到我為了幫她洗澡而「嗶」一聲地按下灌注熱水的按鈕後，馬上瞪著我說「不可以！」。應該是父母做了她平常被教導不能做的事，所以她才生氣吧。我感到有些驚訝，同時也想到「我可能也曾對自己的女兒擺出這樣的表情說『不可以』」（笑）。因為被模仿而開始反省。

爸媽做的事，不管好壞，女兒都會全盤吸收。說到這點，自女兒出生後，我就嚴格遵守紅綠燈的指示。我本來不是一看到紅燈就會停下腳步的那種人，但最近，在住家附近的小巷中，就算沒有人經過，我也會確實遵守紅綠燈。我跟妻子說：「跟孩子在一起時，就會對自己更加嚴格。」妻子卻說：「雖然做得這麼努力，不過，變成大人之後，確實沒有人會遵守交通號誌。」（笑）。

妻子說的也就是所謂表面上和私底下的差別，這個時候我因為妻子的這句話而突然變得輕鬆，因為我發現自己太認真了。孩子會自己吸收訊息，建立自己的價值觀和道德觀。換句話說，這是在成為社會一份子後所得到的經驗中，自然學會的。所以，規範的來源不只有父母，還包括身邊的大人、朋友或者書籍和媒體等。

然而我卻誤以為自己是女兒唯一的老師，我對自己的自以為是感到非常不好意思。

可以靈巧地使用手指了

這個時期，我和女兒的對話比以前多、溝通的內容也更清楚了。當我在玄關說「我走囉」，女兒會說著「路上小心」，送我出門。當我說「我回來了」，她也會說「你回來了」。我打噴嚏時，她則會說「還好嗎？」乍看之下，宛如大人之間的對話，但實際上女兒並沒有完全了解話中的意義，她應該只是配合情境，反射性地說出那些話。我想她可能有一張「這種情況就要回應這些話」的記憶清單。

透過這種表面上的「對話遊戲」，未來應該會出現具有真實意義的真正對話。為了打造這種語言溝通的基礎所做的模仿，現在正不斷增加。

我之所以知道女兒只是在模仿，是在猜拳時觀察到的。當我們兩人在玩「剪刀石頭布」時，女兒會說「爸爸輸了」或「○○（女兒的名字）贏了」，但她說的和真實的勝負並不吻合（笑）。也就是說，她單純是為了配合當時的氣氛，反射性地說那些話。

同樣的道理，當女兒說「你回來了」時，的確是帶著滿臉笑容，但若撇開父母的私心，冷靜觀察，我並不覺得女兒話語中帶有溫暖慰勞的情感，反而比較接近機械性的訊號。

無論如何，聽到女兒說「你回來了」，我還是非常開心，會自然地露出笑容。這種笑容的交互作用，會鼓勵女兒繼續模仿，而且這種充滿活力的循環，終有一天也會為千篇一律的對話添加情感的元素。

喜歡玩猜拳和手指遊戲的女兒很會比勝利手勢。有一次，我問她「可以像這樣讓小指立起來嗎」，一邊做給她看，但要模仿這個動作對她來說似乎很困難。當她想辦法要讓小指立起時，手指就會發抖，其他的手指頭也會跟著動（笑）。努力了五分鐘之後，她的小指終於立起來了，這樣的訓練可以讓大腦迴路變得更加細膩。手指立起的瞬間，她非常開心，彷彿「這就是我想做的事」。這是「強化學習」（參見二五六頁）的一種，開心享受成就感可以促進大腦學習。

現在，女兒用杯子喝水時，我發現她的小指會直挺挺地立著。事實上，我一直因為喝啤酒時小指會翹起來而感到不好意思。她這不是跟爸爸一模一樣嗎？不要改掉這個習慣喔（笑）！

●小●故●事●

女兒會用腳把沉到浴缸底部的玩具撿起來。雖然這動作不是很美觀，但一想到她已經學會把原本用來走路的腳運用在其他地方，我忽然感到非常開心。

兩歲

對文字很感興趣

會預先猜測是「溫的」還是「冷的」

女兒兩歲生日那天，我送了她一雙筷子。那是一雙像夾子一樣，兩根筷子上方彼此連結的幼兒學習筷。令人非常驚訝的是，女兒一開始就能用正確的方法拿筷子，然後順利夾起菜來，現在的練習筷設計得真好。之前，看到我和妻子使用筷子時，女兒就一直想要有自己的筷子，雖然我因為覺得危險而沒有給她，她還是很想嘗試。這回她卻連味噌湯和茶都想拿筷子夾。如果告訴她「這夾不起來吧？」然後把她的筷子搶下來，她應該會不高興，所以我們就隨便她了。

之前我曾經提到，女兒已經理解了「大・小」、「高・低」、「前・後」、「紅・綠」之間的關係，這些現象的共通點是「一看就知道」。但是最近，女兒開始會表達

「溫暖・冰冷」、「輕・重」等物質的性質與型態。「溫的・冷的」、「輕・重」等特性光用眼睛看並不會知道，一定要摸過之後才曉得。

　而且，觸摸水的時候，之所以會特意說它是「溫的」，並不單是因為那水是溫的，同時也在暗示「因為是水，本來以為它會是冷的，沒想到是溫的」。如果說出「這個球很重」的時候，指的是本來以為很輕，拿起來才發現它「意外的重」。換句話說，和說明外觀這點不一樣的是，說明性質和型態時，想表達的是和自己的預測不同這種意外性。我們在行動前，通常會在大腦中想像「一定是這個重量，我就花這麼多力氣吧」，然後再活動肌肉，但結果感覺比預測來得「重」，需要使用更多肌肉。學會了表達物質的性質和型態，正是能夠把自己內心的預測和外在的現實世界加以比較，並知道其間差異的能力正在萌芽的證據。

數量增加後，就會變成「好多」

　女兒現在對文字非常感興趣[80]。文字原本就是人工產物，對大腦來說是不自然的工具。雖然自古以來每一種文明都有語言，但沒有文字的文明並不罕見。也就是說，文字並非文明發展、或維持生命的必要之物。人類會對這種非必需的人工產物感到興趣，就某種意義來說非常有趣。

女兒開始學習英文字母和日文的平假名了。前幾天，我們一起搭電車時，她開始讀車內的廣告文字。看到文字，她雖然可以讀出「あ」或「い」等，但偶爾也會出現看不懂的字。那個時候，如果我跟她說「那是『か』」，她會很生氣的罵我。一邊用左手堵住我的嘴，一邊用右手「啪啪啪」的敲我的頭。我完全沒有敲過女兒的頭，現在卻……（淚）。

不過，我完全了解女兒的心情。當答案卡在嘴邊、說不出來時，如果可以自己想起來，會有一種快感；若是別人直接告訴自己答案，總是會有點懊惱。同樣的道理，女兒一定也覺得「自己念出來感覺比較舒暢」。

這個事實非常重要。剛剛我說到，「很重」等字眼是用來表達和預測的情形不一樣的狀況。事實上，和預測不同時，自己會修正思考迴路，相反的，若情況完全符合預測或期待時，就會強化那個思考迴路。這就是之前說的「強化學習」。強化學習，是大腦迴路所「學習」的根本原理[81]。

換句話說，可以表達「重」這個性質，和因他人告知答案而覺得「憤怒」，這兩件事乍看之下沒有關聯，在大腦中卻是共通現象。

說到文字，女兒對數字也很感興趣，搭上社區大樓的電梯後，她會按照顯示樓層的按鈕所發出的亮光，一邊念著「一、二、三……」這些數字。但我不知道她是否了解「一」之後是「二」，「二」之後是「三」這個順序是依照數字的大小排列，我猜她應該只是「把數字的排列背下來而已」。

有一回我們出門，看到路邊停了許多白色車輛。女兒說：「好多，白色汽車。」女兒似乎已經知道數字是用來表現東西的數量，而這數字會不斷增加成自己不認識的數字，也就是「好多」，她的理解力似乎慢慢在進步。

當然，數字是更抽象的東西，可以發揮更高的功能。女兒目前還沒有辦法徹底活用數字的方便之處。比方說，她雖然可以「一、二」地數生日蛋糕蠟燭，卻沒有辦法用同樣的方式來數布偶，也就是說，她還沒發現「數字的通用性」。

女兒說的話也出現變化了。我看到狗，跟她說「有汪汪呢」，她會說「不對，是小狗」，而且，她也會說「不噗噗，是車子」，似乎已經開始脫離嬰兒語了[82]。

此外，她也可以說出像「紅色汽車，跑掉了」這樣的句子。相對的，一如「給我好吃的香蕉」、「借我小熊布偶」，女兒的要求也開始包含具體的指示。或許就是因為如此，我們的溝通比以前更加順暢，育兒也一下輕鬆了起來。不過，她目前正處於「不要不要期」，當她說「給我香蕉」，但家裡正好沒有她要的香蕉，那就糟糕了……（笑）。

小・故・事

女兒會用玩具菜刀「唰唰唰」地切玩具蔬菜。某天，妻子在廚房切柳丁，女兒問妻子「媽媽，妳在唰唰唰嗎？」（笑）。這雖然是我家人才聽得懂的表達方式，但女兒創造新詞彙的應用能力真是讓人吃驚啊。

註釋

80 我認為，（與「學計算」和「認漢字」比起來）最好可以早一點把日文的平假名背下來。當然，前提是本人是否感興趣。文字是很方便的工具，能夠閱讀文字，世界就會瞬間變大。特別是繪本，比起「聽父母念」，還不如「孩子自己看」或者「讓孩子念給父母聽」。詳情參見從一八一頁開始的內容。

81 參考文獻：Sutton, RS, Barto, AG. Reinforcement learning: an introduction.（MIT Press, 1998）. 詳情參見從二五六頁開始的內容。

82 「汪汪」、「叭叭」這一類擬聲語，通稱「擬聲詞」（Onomatope）。日文中有許多「啾啾」、「啪啪」、之類的疊字擬聲詞。此外，還有「亮晶晶」、「軟綿綿」、「黏呼呼」之類形容物質的性質，「咔滋！咔滋！」、「咚！咚！」、「慢吞吞」等形容動作模樣，以及「噗通噗通」等形容心理狀態的詞彙，範圍非常大，數量堪稱世界第一。

Column
06

進一步了解！

大人的大腦發育專欄

什麼都不要時，「在時限內耐心陪伴」是我家特有風格

為什麼會有「不要不要期」（第一個叛逆期）呢？不要不要期可說是孩子「單純的願望」和大人的「社會規範」（或者說是「父母的時間和現實的制約」）相互衝突的時期。

大家都說，不要不要期是孩子成為一個人的必要過程，事實上，這一點在科學中並沒有被證實。不過，如果從成長過程來看，這段時期的確是透過經驗，學習「要提出多少要求，才會碰到極限」的時候。

因為小孩不了解社會規範的內涵，所以行為舉止會失當而不夠嚴謹。這種不適切的行動或要求，當然會和「社會」這堵牆有所衝突。這個時候他們會經歷四周人的反應和反擊，同時學到「常識」。不要不要期確實有這樣的功能。

不過，搭電梯時，當一起搭的人按下了「關門」鍵時，孩子通常會吵著說「那是我要按的——」，這是父母完全無法預防的狀況。而對孩子來說，除了這種鬧彆扭的行為之外，他們沒有其他方法可以表達這種欲望沒有得到滿足的心情。

換句話說，「鬧彆扭」可說是對自己表達能力不足感到焦慮的反應，也可以更進一步的解釋成他們在「試探父母」，他們在測試父母的忍受力，到底要什麼程度的事才會生氣。它同時也是在試探父母的包容力，並期待「就算我一直鬧彆扭，爸爸媽媽最後還是會安慰我、給我抱抱」。

孩子鬧彆扭時，到底是要縱容他，還是要嚴格地予以拒絕，是個難題。如果不要不要期有「觀察周圍的反應，學習社會規範」的功能，那麼與其忽視它，更重要的是要很確定地告訴孩子「不行的事怎麼樣都不行」。

但相較之下，我屬於縱容派。雖說縱容，我並不會平白無故地接受女兒的要求，而是會先仔細聽她說話。女兒還沒有足夠的表達能力，但我會讓她用自己的方法解釋「為什麼『什麼都不要』」。我不知道以科學的觀點來看，這樣的方法是否正確，但我會盡可能讓女兒說出一個道理，希望她可以培養出應付現狀的能力與忍耐力。

當然，在現實生活中，大人的世界還有工作和家事在等著。如果每次女兒鬧彆扭，父母都耐心處理，有可能會沒時間洗衣或打掃，也沒辦法送她去幼稚園。所以，有的時候我也會以轉移她注意力的方法來處理（參照一二八頁）。或者，設定一個時限，在時間之內，我會竭盡全力耐心處理她鬧彆扭的行為。但時間到了之後，就會斷然結束。

雖然鬧彆扭的心情會有些許殘留，但大部分的孩子都不會受到影響。孩子的「記恨」和大人不同。他們不會記上好幾個禮拜，而是不管好壞，都很努力活在當下。

Chapter 3

兩—三歲

用身體、語言來溝通！

三歲前孩子的大腦發育過程

越來越會說話，溝通也變得更順暢了。
如果認得數字或文字，便能加以應用，開始數數，或仔細記住東西的名字。
開始可以想像「對方的心情」，能更細膩地體貼別人的行為，說謊的方法也更高明了。

我家孩子的成長

一般發展過程

（參照厚生勞動省發行之「母子健康手冊」）

- 「我」的不可思議
- 變得更細心而靈巧
- 說話、展現、溝通
- 開始正確使用大腦！

兩歲1個月 P160
兩歲2個月 P165
兩歲3個月 P170
兩歲4個月 P175

- 自由自在地改變觀看角度
- 越來越有個性了
- 開始有自制力，可以不包尿布了！
- 玩家家酒的方式更多元了
- 能回應別人的期待，徹底搞笑
- 懂得體貼別人了
- 三歲是第一個轉折點
- 有幾個輪胎？

P186	P191	P195	P199	P210	P215	P224	P228
兩歲5個月	兩歲6個月	兩歲7個月	兩歲8個月	兩歲9個月	兩歲10個月	兩歲11個月	3歲

- 爬樓梯時可以不使用雙手
- 可以用蠟筆畫出圓圈
- 想要自己穿脫衣服
- 可以說出自己的名字
- 可以自己刷牙或洗手
- 會玩捉迷藏……

兩歲一個月

「我」的不可思議

透過「我」來深入探究自我

平常，女兒多半會用自己的名字來稱呼自己，但有時也會用「我」來指稱自己，這應該是幼稚園的哥哥或姊姊說「那是我的」時，女兒加以模仿的。雖然有時會出現奇怪的用法，但大部分的時候，她都可以正確使用這個字。仔細一想，「我」真是不可思議的單字。「我」在本質上有「相對性」，如果是個人的姓名，不管是自己稱呼，或是其他人稱呼，都是限定指某一個人。但若是「我」這個字，當女兒說「我」時，指的是女兒，當朋友說「我」時，指的是那位朋友。「我」這個字所指稱的內容，會隨著狀況而千變萬化。這是一個不了解事物相對性，就沒辦法使用的單字。

「這是○○（自己的名字）的玩具」、「這是太郎的玩具」，之前女兒會像這樣透過具體姓名這個標籤，來區別自己和他人。但是，加入「我」這個字之後，就可以像「以太郎的角度來說，這個玩具是『我的』」這個句子一樣，讓關係相對化，加以識別。

女兒的幾個變化和能夠使用「我」這個字有關。比方說，女兒生病了，我問她「哪裡會痛？」，她說「肚子會痛」。我之前曾經提到，女兒撞到頭或夾到手指時，會說「痛」。但現在，她已經可以用「痛」來描述從外面看不到的自己身體內部的部位。或許就是因為有了「我」這個字，所以「我」的身體的相對化會有所進展，進而發現「我」這個看不到的存在。

消防車是什麼顏色？

早上，女兒玩了扮家家酒。她哄小熊布偶睡覺，還幫它蓋被子、唱搖籃曲。她從以前開始就一直玩這種形式的扮家家酒，但是今天早上，女兒玩的是「幻想式扮家家酒」，她端著假裝是托盤的網子，問我「爸爸[83]，要吃嗎？」因為網子上什麼都沒有，我愣了一下，但女兒像是用手抓著空氣一般，告訴我「這是麵包喔！」我假裝吃了一下，女兒又問我「好吃嗎？」說著，又把托盤（網子）拿到屋子角落，然後在上面裝滿了幻想的麵包，送來給我。

幻想式扮家家酒也可以解釋成是與自己的相對化有關的變化。用「我」來稱呼自己，也是讓自己抽象化。脫離「自己」這個絕對性存在的實際物體，可以讓它昇華成沒有實體的相對性存在。幻想式扮家家酒也是沒有實體的抽象遊戲。而且，女兒連非實際物體的「空氣麵包」都拿來了，這是透過「我」這個相對關係裡的表達方式，而造成的看待世界角度的變化。女兒的心已經從物理世界的束縛中解放出來，獲得精神上的自由。

從這個月開始，我和女兒溝通的對話中包含了「交換條件」。之前，當我說「要出去囉」，女兒會馬上就想到外面去。最近，當我說「擦了防曬油才能出去喔」，她已經可以了解這是我們家的外出規矩，耐心等候別人幫她塗防曬油[84]。我想，這也和自己透過「我」而把關係相對化有關。因為，能理解「相對」，就可以理解「絕對」這個相反意義，而規矩和約束就是在自己內在慾望之外的絕對條件。

讓我感受到在女兒心中已經出現「絕對」這個概念的另一個成長，是對「顏色恆常性」的理解。當我問很喜歡消防車的女兒：「消防車是什麼顏色？」她回答：「紅色。」但是，當我問女兒陰影下的消防車是什麼顏色時，她卻回答「黑色」，在陰影下的消防車看起來的確不是紅色。女兒的答案就光學來說是「正確的」。

另一方面，因為大人透過經驗知道「在陰影下，東西看起來很暗」，所以，為求省事，他們會認為在陰影中的消防車看起來還是「紅色」的。這種現象稱為「顏色的恆常性」。最近，不管是陰影下的消防車，或是夜晚時在路上看到消防車，女兒都會說它是「紅色」的。她已經學會顏色的恆常性這種世界的不變性，亦即「絕對性」。這是從眼前消防車的「具體視覺」跳脫出來，而在大腦中出現「紅色消防車」這個理想形象的證據。

順帶一提，女兒不想外出時，只要我提出交換條件「要不要出去，順便繞道去消防局？」她就會乖乖跟我出門（笑）。

小・故・事

女兒會擤鼻涕了。看到她用力擤鼻涕的難看模樣，做爸爸的我該感到開心嗎……（笑）。

註釋

83 從這個月開始，我讓女兒喊我「お父さん」（Otōsan），而非「パパ」（Papa）。但有些音她還發不出來，所以變成おとうちゃん（Otōchan）。

84 與他人的約定是學習「忍耐」的出發點，也是「間接的教養」，因為「擦上防曬油→可以外出」這個條件（規則），就相當於忍耐之後可以得到「獎賞」，其中也包含「自制力」的雛形，請參考二五五頁之後的內容。

兩歲兩個月

變得更細心而靈巧

了解「相同」與「不同」

女兒經常說「一樣呢」。比方說，她會交替指著我和妻子手上戴的結婚戒指說「一樣呢」，在路邊的招牌上看到星狀圖案時，她也會指著自己衣服上的星形標誌說「一樣呢」。當然，這種對「一致性」的理解，是上個月確實學會了恆常性和絕對性，才有的延續性發展。

最近的大變化是，女兒可以很肯定地表示否定。比方說，我問她「肚子會痛嗎？」她會說「肚子不痛。」[85]。此外，我指著小貓布偶，故意問她「這是小熊吧？」她會加以否定：「不，那是小貓。」

之前，從來沒有出現過這麼準確的否定。就是因為女兒清楚知道「貓是什麼樣的東西」，才有可能這麼堅決的否定。雖然有各種不同的貓，但就因為自己知道貓和其他動物的差別，才能表達「貓和熊不一樣」，予以否定。當然，這種能力和理解「一致性」是一體兩面的。

像這樣懂得「一致」與「否定」，或許和開始能夠識字有關。現在，女兒只會讀「あいうえお」五個字，不過，就算看到筆跡或字體不同的「あ」，她還是知道那是「あ」，這就是一致性。能正確讀出「あ」字，而不是把它讀成「お」或「め」，是非常複雜的認知過程。

有些英文字母長得很像，如「U」和「V」、「M」和「W」、「K」和「X」等等。除了區分這些微妙的差別，當這些文字變化到什麼程度，就應該把它視為其他文字，也是認識文字時必須了解的[86]。女兒在幼稚園和年紀較大的孩子一起學英文字母了，當我指著「C」，故意問她：「這是O對吧？」她會說：「不，這是C。」

除了文字，女兒也會把螞蟻區分為「大螞蟻」和「小螞蟻」。而且，她也知道花有「蒲公英」和「鬱金香」等不同種類。不只文字，她也越來越能夠仔細區分其他事物，這就是因為辨識「一致」和「差異」的能力不斷進步的緣故。

很會扣鈕扣

女兒開始可以辨別左右了，這也是仔細區分的一環。一歲之前，我們就開始讓她以右手（慣用手）拿剪刀和蠟筆。那個時候，我們一定會跟她說：「用右手拿。」或許就是因為如此，不知不覺間她已經能區分左手和右手了。

比方說，當我們一起外出，興致高昂時，女兒常會一個人走在我們前面，那個時候我一定會很清楚地跟她說：「左轉。」而她也能夠轉向我講的方向。大人總認為「孩子應該還聽不懂」，所以只會用「這邊」、「那邊」等簡單的話語來指示方向。事實上，孩子只是表達能力尚未成熟，很多時候他們的理解力比大人想像的還要高上許多。

這個月，還有一個明顯的變化，那就是女兒的手指變靈巧了。她會用手比出狐狸的形狀來玩，可以非常靈活的使用五根手指。她之前就很會轉陀螺，也會將線穿進珠子，現在，她很喜歡扣衣服上的鈕扣，也喜歡把拉鍊拉上拉下。只不過，她依然只想自己做，只要我或妻子出手幫忙，她就會生氣[87]（笑）。

女兒也喜歡需要動手指的拼圖，一樣的道理，她會想要把自己撕破的紙片拼起來。就連我們大人打破杯子時，也沒辦法把它拼回原來的樣子，但女兒還會想要把碎片組合起來。我想女兒應該有「想確認看看」、「想試試看」這種足以成為探究心基礎的心思。

大家都說「活動手指可以活化大腦」。從腦科學家的立場來說，我們無法判斷這個說法的真偽，但我確實可以感受到，這個月的兩個變化：「可以辨別細微的差異」和「手指變得靈巧了」之間，似乎有某些關聯。

有一次，在出遊時住的旅館，黃昏時女兒在緣廊看著天空，用手指著月亮說「月亮」。她似乎已經知道月亮是什麼樣的東西，不知不覺間，已經可以分別叫出月亮、太陽和星星了。不過，她還不知道白天看不到月亮和星星。

小故事

隔天早上，女兒又走到緣廊，她說：「咦，月亮去哪裡了？」我以科學的角度加以說明：「白天時，因為太陽太亮了，所以看不到月亮。月亮不會發光，而是反射的太陽光照到地球表面，因為是間接的光線，所以光量不夠。」但她似乎完全不感興趣

（汗）。

註釋

85 真的很痛的時候會說「痛」。

86 可以將以各種字體寫成的「あ」全部讀成「あ」，便是基於人類認知的「模糊性」。詳情請參考一〇九頁之後的內容。

87 想自己動手的心理傾向稱為「反不勞而獲的覓食行為」（Contrafreeloading）。大腦認為，比起不勞而獲，透過勞動獲得的東西比較有價值。比方說，讓小孩在玩扭蛋而得到玩具和平白得到玩具兩者之間做選擇，幾乎所有的孩子都會選擇玩扭蛋。除了猴子和狗，從鳥類到魚類，幾乎在所有動物身上（除了貓以外），都可以看到這個傾向（參考文獻：Tarte RD. Contrafreeloading in humans. Psychol Rep 49:859-866, 1981.）。

兩歲三個月

說話、展現、溝通

可以說很長的句子

女兒偶爾會說出四個單字以上的長句了。比方說「我丟雞蛋，破掉了」。也就是說，理解「因為自己的行動，造成〇〇〇結果」這種因果關係之後，這個月，她開始可以用話語描述、說明這些因果關係了。

以前，女兒就可以說長句，但大概都是「那個，手手、有狗狗、粉紅色」這種意義不明的單字串（笑）。應該只是聽了我和妻子的對話後，想模仿說長句的感覺而已。事實上，有清楚的意思、能夠成為對話一部分的，只有由兩、三個單字組成的短句而已。

而和這件事有關的成長，就是能夠把果醬塗在麵包上來吃了。女兒很喜歡草莓果醬，之前會直接用湯匙把瓶子中的果醬挖出來舔，留下麵包沒吃（笑）。現在，她又長大一點了，在她心中，「果醬是要塗在麵包上的東西」這個規則已經定型。

女兒慢慢開始會報告在托兒所發生的事，我想這應該是因為妻子每天都問她：「今天在托兒所有發生什麼事嗎？」昨天，女兒告訴我們在托兒所之外發生的事：「被○○『碰』了一下，好痛。」或是「剛剛看到消防車。」等等。過去，只有和女兒在一起的時候，才能知道她的所有動態。但慢慢的，我們已經可以知道自己不在的時候她在做什麼。

順帶一提，身為大腦學者，嚴格來說，我不知道女兒說的事情有多大的可信度。一般而言，這個時期孩子的記憶通常會包含一些假的訊息[88]。將女兒的進步解釋為「有時可以用其他方法來確認事實」，可能比較保險。

「你看你看！」，開始有喜歡的東西

另一件讓我印象深刻的事情，發生在女兒第一次在外出時穿裙子的時候。「裙子好可愛！」她開心地說，並且到處跑來跑去。之前她一直都是穿褲子，女兒似乎對服裝也開始有自己的喜好了。

不過，有時也會因為當下的狀況而無法如願。遇到這種狀況時，女兒現在還可以乖乖聽話。比方說，某天晚上，她說：「我要穿那件睡衣。」那是冬天的衣服，我對她還記得幾個月前穿的衣服感到相當驚訝，但當我說「（那是冬天的衣服）不行喔」時，她馬上就了解了。然而，我聽其他父母說，以後孩子就會很任性地要求：「我一定要穿這件。」看來似乎得先做好心理準備。

最近，女兒很沉迷於積木遊戲。把積木堆得很高時，她就會說：「你看你看！」雖然我認為「現在很厲害啊」，但若經常看她玩，就會知道她背地裡其實失敗了幾十次，但只有在偶爾堆得很順利時才會跟我說。在女兒大腦中已經有「完成了」的概念，也覺得完成是很開心的事，會想和他人分享這份喜悅，所以，才會出現「你看你看」這句話，這讓我感觸很深。

順帶一提，說著「你看」，希望對方投以視線是人類特有的行為。其他動物彼此互視時，通常是把對方視為敵人。在野生動物的世界，「看」就是鎖定獵物，當視線相對時，雙方之間會出現異常的緊張感。所以，人類這種「要對方看他」的要求是很獨特的[89]。人類和其他生物不同，會將視線用在溝通上，受到注視並非是因為對方有敵意，相反的，是「喜歡」或「感興趣」的象徵。

曾經有這樣的實驗：準備兩張陌生人的畫像，讓受測者長久注視其中一個人，但注視另一個人的時間較短。結果，受測者對長時間注視的那個人懷有好感。這個時候，無關對臉孔的喜好，而是只要注視的時間一久，就有一定比例的受測者會喜歡上畫中的人[90]。視線不只是善意的訊號，也可以醞釀出自己內心的善意。

女兒穿上裙子或洋裝時會特地來讓我們看。人類似乎喜歡看，也喜歡被看。

小故事

女兒發現愛犬大便在陽台上，就對著我說：「大便，爸爸去掃。」結果當天是妻子清理了愛犬的大便。女兒似乎覺得清理大小便是我的工作（汗）。

註釋

[88] 參考文獻：Conway M A, Pleydell-Pearce CW. The construction of autobiographical memories in the self-memory system. Psychol Rev, 107:261-288, 2000.

[89] 人和狗在視線相對時都會感到開心，但狼討厭視線接觸（參考文獻：Nagasawa M, Mitsui S, En S, Ohtani N, Ohta M, Sakuma Y, Onaka T, Mogi K, Kikusui T. Social evolution. Oxytocin-gaza positive loop and the coevolution of human-dog

bonds. Science, 348:333-336, 2015.）。

90 參考文獻：Shimojo S, Simion C, Shimojo E, Scheier C. Gaze bias both reflects and influences preference. Nat Neurosci, 6:1317-1322, 2003.

兩歲四個月

開始正確使用大腦！

大腦的正確使用方法是「預測並加以對應」

某天早晨，我把東西裝進公事包時，女兒開始耍彆扭說：「爸爸，不要去。」她應該是看到我在準備外出，知道我要去工作。晚上，看我開始脫衣服時，女兒會說：「我還不想洗澡。」平常總是和我一起洗澡的女兒似乎在想：「爸爸把衣服脫了之後，就要一起洗澡，洗完澡後，就要睡覺了，但我還想繼續玩。」

這個月的成長重點，總歸一句話就是「預測和對應」，換句話說就是「先下手為強」。一如我在一〇〇頁寫的：「先下手為強」是大腦最重要的功能。預測「接下來該怎麼辦」，適當決定該如何行動，就是「預測和對應」。

預測是動物的本能。雖然植物也有「在春天即將來臨時綻放花蕊」之類的現象，不過，這種準備是只有在預定和諧（L'harmonie préétablie）中才成立的單純現象，和我講的「預測和對應」屬於不同層次，箇中差別和是否擁有「大腦」有關。大腦的本質，是預測之後會發生的狀況，事先做好準備的「預測和對應」，也就是預見未來、先下手為強。如果預先準備，等到狀況真的發生時，就會按照預測的模式來處理，可以及早加以「對應」。開頭的故事就讓我感覺到，大腦的這個功能更明顯地顯現在女兒身上了。

這個時期，女兒的搗亂行為也變得更高明了。以前，只要把點心和玩具放到女兒手構不著的地方就可以，但最近，她會把椅子搬來，拿取藏在高處的點心。這是因為她「預測」把椅子搬來應該就可以拿到點心，進而加以實踐、對應。在大人眼裡看來，這樣的「預測和對應」雖然層次還很低，但這就是大腦的正確使用方式。

預測是根據過去的記憶來進行，就是因為平常的記憶可以很清楚地儲存在大腦迴路中，這樣的智慧（亦即預測與對應）才能運作。

要洗澡找媽媽，想睡覺找爸爸

女兒喜歡和妻子一起洗澡。因為我幫她洗臉、洗頭時，動作比較粗魯，但妻子會洗得很輕柔。只要我說「來洗澡吧」，她就會說「不要爸爸，我要和媽媽一起洗」（笑）。

但是，女兒會指名要我陪她睡覺。理由之一是，她想睡覺時，我會抱著她，但妻子一旦進入被窩，就會比女兒更快睡著，比女兒還好睡（笑）。另一個理由是，和我一起進入被窩時，我會問她今天發生的事，並穿插我自己編的故事，講給她聽。

不過，如果講太多好玩的故事，女兒會變得更清醒，躺了一個小時，甚至兩個小時都不睡覺，若一不小心沒拿捏好，後果就不堪設想，還會把我自己弄得很累。可是如果和妻子輪流陪她，女兒便會說：「我一定要爸爸。」依照自己的喜好分別利用父母（笑）。這就是因為她具有預測未來的能力，我們也無可奈何。

女兒說的話也有一些變化。前幾天一起散步時碰到紅綠燈，我問女兒：「哪一種顏色的燈亮的時候不能過馬路？」女兒回答：「是紅色。」對這種簡單的問題，只要一個字——「紅色」就可以回答，但女兒還加上了「是」這個字，讓我有點驚訝。她依照文法來造句的動力似乎越來越強了。

另外，女兒會把寶特瓶的蓋子打開，把手伸進瓶口，然後說：「因為很小，拔不起來。」我問她：「什麼東西很小？」她指著寶特瓶下方的水說「很小」，我猜她想說的是「很少」。而「拔不起來」這句應該是要說「碰不到」。也就是說，她應該是想說：「寶特瓶的水很少，把手指放進去也碰不到。」女兒從自己知道的少數詞彙中，不斷使用已經認識的單字，努力表達自己的想法[91]。

事實上，這也和預測與對應有關。就因為預見到「水變少了，所以手指碰不到」，因而把手指伸進去確認看看。接著，她開始計畫要表達這件事。但不知道「少」這個字怎麼說，所以她以語意很接近的「太小所以拔不起來」，取代「太少所以碰不到」。預測之後採取行動的能力，也可以透過話語來練習，孩子應該就是以這樣的方法學習語言吧。

女兒的不要不要期似乎已經結束了。或許是預測到就算抱怨也沒有好處，而且如果一直耍脾氣，遲早會被爸媽罵，所以心想「算了，隨便他們吧！」（笑）

小故事

女兒非常喜歡穿裙子。坐在我肩上時，她會把裙子蓋著我的頭，說「看不見看不見」。這樣算是一種同樂嗎？有點微妙（汗）。

(91) 像這樣將認識的單字列出來使用的時期稱為「羅列期」，是兩歲到兩歲半幼兒特有的行為。

Column 07

進一步了解！

大人的大腦發育專欄

能夠閱讀文字，世界才會變得更遼闊

我認為「女兒自己讀繪本」比「讀繪本給女兒聽」更重要。文字是很方便的工具，能夠閱讀文字，世界就會瞬間變大。

所以，一如我在本書二一二頁之後寫的，從女兒三歲開始，我就教她平假名和片假名。不過，我剛開始以自己的想法教她時，她幾乎沒有反應，也記不得，所以我暗自反省了一下：「這樣的『菁英教育』會不會做得太過火了……」。當時，我差點就要變成自己最不想成為的那種父母。

不過，一個月後，女兒自己開始對文字產生興趣，而我很早就發現她對文字有興趣。最初，還在「強迫」她學習時，我覺得情況有點不妙，但或許當時接觸文字還是有意義的。

記住文字之後，對文字也變得很執著。女兒可以開始自己閱讀繪本之後，如果父母先讀給她聽，她甚至會生氣。

由於妻子堅持，女兒從三歲生日那天開始每天寫日記。一開始，是我們寫下女兒講的內容作為範本，然後她在旁邊宛如抄寫經書般把文字寫下來，如「今天唱了歌」、「和朋友一起玩」、「下雨了」等等。模仿、寫下這樣的句子，就是女兒的日記。

大腦的成長，「輸出」比「輸入」更重要

相較於閱讀這種「輸入」行為，更重視自己寫出來的「輸出」行為是我和妻子共同的價值觀。從腦科學的觀點來看，表達、書寫等「輸出」也比閱讀、聆聽等「輸入」更重要。

就拿學校的測驗來說，讀書的時候，很容易就會拚命閱讀教科書或參考書，努力吸收知識，亦即不斷地輸入。但事實上，輸入訓練幾乎沒有效果，或者可以說，能夠想起已經記住的事，或是在模擬測驗中解題等「輸出」才更為重要。就算拚了命地把知識塞進大腦，如果無法在必要時想起來，站在外人的角度，這跟「不記得」沒什麼兩樣。如果在緊要關頭無法想起來，就完全沒有意義。所以，「憶起」這種輸出訓練，非常重要[92]。

一如我一再強調的，對讀書來說，最重要的就是知識的輸出。這在大腦研究者之間是很著名的論點。但很意外的，大家都沒有在練習如何「輸出」，而是比較重視重複閱讀。

或許和大家的直覺不同，實際上，就算不斷重複閱讀，知識依舊不會穩固定型。因為，我們覺得比起只讀一次，讀了兩次之後，閱讀起來感覺會比較順暢，也更能理解。以下這個實驗很有趣：那就是在讀完書一週後，針對內容加以回憶測試。結果，不管是讀一次或讀兩次，分數都差不多[93]，就算是讀三次也一樣。

重複閱讀兩、三次之後，因為已經讀熟了，閱讀速度的確會加快。而且，讀得很順時，本人也會覺得「我懂了！」，有一種有所成長的感覺。然而事實上，測驗所得的分數是一樣的，其實都沒有讀進去。

這種「我懂了」的心理會妨礙學習。「我懂了」的心情可能會讓自己覺得很開心、舒服，但事實上，它有降低學習欲望的負面作用，因為對於已經懂了的內容，大家很容易就會認為「已經理解，所以不用再讀了」，「我懂了」正是降低求知欲和停止思考的元兇。

再者，就算本人覺得「我懂了」，還是會有「是否已經理解」這個根本問題。只是在心情上覺得自己懂了，但事實上完全不懂的例子並不罕見。就學習來說，「我懂了」

這樣的心情有百害而無一利。
不管如何，「輸入」確實沒有效果。不管看幾次，學習的效果都不會再更上層樓。如果懷疑這個說法，我問大家，你可以說出最近一個設有滅火器或ＡＥＤ（Automated External Defibrillator／自動體外心臟去顫器）的場所嗎？這是生活必備知識，而且因為上面貼有醒目的紅色標籤，你一定看過很多次。但是，令人驚訝的，許多人都無法正確說出它的位置[94]。也就是說，光是自己「看過很多次」，並無法形成固定記憶。誤以為多看幾次就會有學習效果的這個觀念，似乎自古以來便根深柢固。但事實上，一牽扯到學習，就會變成另一個問題。
此外，還有一個實驗[95]。把受測者分成兩組，在螢幕上一個接一個地播放三十個單字，請受測者記住這些字（當然無法全部記住），然後，準備隔天的考試。這時，讓其中一組再看一次螢幕上剛才播放的單字，另一組則不看螢幕，而是讓他們當場盡量回想剛剛看到的單字。這個時候，不核對答案。就算想到的單字是錯的也不予理會。
隔天測驗時，回想單字的那個小組所得的分數比看螢幕的小組還要高。這是因為再次觀看單字的小組，會一邊想著「對，有這個單字」，一邊看，感覺好像可以得分，實際上分數很低。這證明了光是再看一次並沒有意義。
這個實驗的有趣之處是，分數較高的「回想」小組在回想時並不會核對答案，當場不會告訴他們回想的答案是對還是錯。

也就是說，學習並不一定需要「核對答案」。一般來說，大家都會馬上加以回應，請對方修正，養成依賴「看正確答案」的習慣。但事實上，想立即看到成果並不是好的學習方式。

所以，當女兒問我：「這是為什麼呢？」我都不會馬上回答。我希望她可以先自己想看看，錯了也沒關係。即使是前往托兒所等熟悉場所的路徑，我也不會單純只送她去，而是會問她：「在這個路口該右轉，還是左轉？」讓女兒為我帶路。偶爾，我會故意繞遠路，一邊在街上走著，一邊盡可能讓女兒說明「如果在這裡右轉，就會回到那條路上」、「如果左轉，就可以早一點到」。

繪本也是一樣，比起念給女兒聽，我更重視一邊嘗試、犯錯，一邊讓她自己讀的「輸出」。或是讓她寫日記、問她今天發生了什麼事，盡量想辦法增加情報從女兒大腦輸出的機會。

92 參考文獻：Karpicke JD, Roediger HL, 3rd. The critical importance of retrieval for learning. Science, 319:966-968, 2008.

93 參考文獻：Callender AA, McDaniel MA. The limited benefits of rereading educational texts. Contemp Edu Psychol, 34:30-41, 2009.

94 參考文獻：Castel AD, Vendetti M, Holyoak KJ. Fire drill: inattentional blindness and amnesia for the location of fire extinguishers. Attention, perception & psychophysics, 74:1391-1396, 2012.

95 參考文獻：Smith AM, Floerke VA, Thomas AK. Retrieval practice protects memory against acute stress. Science, 354:1046-1048, 2016.

兩歲五個月

自由自在地改變觀看角度

觀察對方的心情，順水推舟

女兒越來越會說話了。讓我不禁再度感覺「大腦好厲害」的是，女兒很自然的學會動詞變化，她懂得在不同的時候分別使用「回去」、「不回去」、「想回去」、「回去吧」這幾個不同語態，亦即日文動詞的ラ行五段變化。她開始根據日文文法使用變化複雜的單字，不單單是模仿四周的人，而是很自然地學會宛如自己的文法規則一般的東西，然後加以應用，進而活用單字。

當然，因為是她自己發明的使用方式，或許有些是違反規則的，比方說，「好き（喜歡）」這個動詞的否定型是「好かない」，但女兒會說「好きくない」。應該是挪用了「大きい（大）」、「大きくない（不大）」這種形容詞的活用型[96]。

這個月的關鍵變化是「可以自由地變換觀看角度」。首先，她可以傳達與轉換和觀看角度有關的事。當我說：「坐在這裡吧。」女兒站著不坐。這是她認為我會有「快點！我不是說要坐著嗎」這樣的反應，而故意做出相反的事。這樣的行為，是站在對方的「心靈角度」（而非自己），理解「對方應該是這樣想」之後，而採取的行動。這是融合了之前提到的「觀點」和「預測與對應」的多層次行動。

而且，被罵了之後，女兒笑咪咪地走近我，這應該是在討好我吧。看起來就像是「因為做了壞事後被罵，努力想改變對方的印象」。事實上，或許她只是因為爸爸原諒她了，心裡很高興才滿臉笑容，但從某一個角度來說，就像在猜測對方的心意。

古典發展心理學的教科書上說，可以從他人的角度來思考，是四歲之後的行為。但最近的研究指出，不到兩歲時就可以看到這種跡象[97]。說不定我認為女兒將自己的觀點轉化成對方的觀點，再「猜測對方的心思」，只是我多心了，卻也是不可忽視的萌芽。因為收到訊息的人要如何解讀「體貼」、「關懷」、「體諒」等讀心行為非常重要。

能夠數數就可以獨立了？

從幾個月前開始，女兒就可以從一數到幾十了，也可以念出寫在紙上的數字。不過，那只是單純的記憶，和了解「數學」這件事不一樣。所以，她不知道怎麼數隨意灑在地板上的彈珠。當她「一、二、三……好多好多」地數著一模一樣的彈珠時，只要超過三個就會亂掉。但是這個月，她終於能夠清楚地數彈珠了。

數數和語言文法的學習有關[98]。比方說，「三」除了是代表「三個」東西的個數，也是「二的下一個數字」。而「二」則是「一的下一個數字」，「三」是「一的下下個數字」。就像這樣，「三」代表著「二＋一」，「二」則代表著「一＋一」。也就是說，可以把「三」拆寫成「（一＋一）＋一」這種宛如俄羅斯娃娃般一個套一個的連結，稱為「重新返回」。重新返回是數字本質中的本質。

這和可以改變自己的觀點有很密切的關係。

也就是說，從「一」來看，下一個數字是「二」。因此，如果將觀點往前進一位，看看「二的下一個數字是？」，這次就會變成站在「二」的觀點來看，「二」的下一個數字是「三」。若將觀點轉移到「三」，下一個數字就是「四」……。數數就是將觀點一個接一個的向前移動。這也是觀點迴圈的應用[99]。

事實上，女兒的順水推舟或奉承，都是得自轉移觀點的能力，和能夠數數有密切關係。

往後，若這種能力更加增長，就會出現「如果數字不斷數下去，會數到哪裡呢？」

的發想，而這個想像還會不斷延伸出「沿著這條路一直走，會走到哪裡去？」、「藍天的另一頭長什麼樣子？」。換句話說，會發現「無限」的不可思議，這全都是「重新返回」所形成的。更進一步，還會發展出「宇宙的盡頭是什麼模樣」、「如果持續不斷的挖掘地球資源，最後會如何」、「錢用完了會怎樣」、「我的生命會永遠持續下去嗎」這些成熟的思考。

重新返回是知性活動的基本。我曾經開玩笑地說：「三歲之前的幼兒大腦，不是人腦，而是猴子的腦。」我的意思是，三歲前的幼兒和猴子一樣，只能很有限的「重新返回」[100]。

相反的，能夠數數對人類來說非常重要。身為大腦研究者的我非常重視這件事，所以從女兒很小的時候開始，我就非常重視「數」數這件事，而且也很仔細、耐心地教導她。

當然，同年齡的小孩若還不會數數也沒有關係。因為比起小孩本身的能力，父母費了多大心血來教育影響更大。女兒現在雖然會數數，但完全沒有可以不用尿布的跡象，她的朋友都已經不用尿布了，到底她何時才能習慣用馬桶上廁所呢？孩子的成長真的是各有不同啊。

・小・故・事・

女兒很喜歡裙子。我們去動物園時，看到開屏的孔雀，女兒說：「牠穿了一件好漂亮的裙子！」不禁讓我覺得「我家孩子說不定是個詩人?!」（笑）。

註釋

96 到了兩歲的後半時期，會慢慢進入「模仿期」。這個時期的特徵之一是「發明新詞彙」，也就是按照自己的規則，創造出全新的詞彙和語態。如將「こない」說成「きない」，將「できない」說成「できられない」，將「届く」、「届かない」說成「届ける」、「届けない」，將「赤い花」說成「赤いの花」，將「蚊に刺された」說成「カニに刺された」等，都是常見且典型的幼兒自創詞彙。

97 參考文獻：Onishi, KH, Baillargeon, R. Do 15-month-old infants understand false beliefs? Science, 308:255-258, 2005.

98 參考文獻：Gelman R, Butter-worth B. Number and language: how are they related? Trends Cogn Sci, 9:6-10, 2005.

99 參考文獻：Kleene SC. General recursive functions of natural numbers. Mathematische Annalen, 112.1:727-742, 1936.

100 參考文獻：Fitch WT, Hauser MD. Computational constraints on syntactic processing in a nonhuman primate. Science, 303:377-380, 2004. 在數數或計算時，必須了解數字的順序和迴圈的概念，這一點非常重要，單單表面上的記憶完全沒有意義。

兩歲六個月

越來越有個性了

女兒是超級拼圖天才!!

或許又是為人父母的「老王賣瓜」，請容我炫耀一下自己的女兒。女兒變得很會拼拼圖，把剛拿到的拼圖拆散後，第一次無法拼起來。但我和女兒一起拼過一次之後，下一回，她很快就可以把一個多達四十到五十片的拼圖拼好。就算我故意用不同的順序把中心附近的拼圖片交給女兒．或是拿給她時故意上下顛倒，她還是可以一一放在正確位置，能力遠超過我。

這種能力稱為「圖像識別」，是某個時期之前的孩子特別擅長的特殊能力。

比方說，把草莓散置在盤中，有些幼兒可以瞬間答出草莓的數量是「十七個」或「二十三個」，這也是圖像識別。但想發揮這種能力是需要訓練的。

然而，或許是因為不管什麼東西，都能像拍照一樣記得一清二楚的這個能力並不是那麼實用，所以會隨著成長而慢慢消失。對大腦或神經來說，直接記下圖像本身比較容易；讓圖像變模糊，或是將圖像分割成幾個部分，進而剪貼那些部分、創造出全新圖像的「創造力」則是難度極高的作業。

換言之，人類的能力若只著重在某個特定層面，未必能夠持續「成長」，所以必須在整體平衡中不斷地進步或退步。女兒的這項技能，幾年後應該就會消失。

父母心是相當複雜的

女兒的自我意識變強了。外出時，雖然她一定會走在爸媽旁邊，但總是不想牽手，因為她要自己走。她的競爭心也變強了，女兒常跟我說「我們來猜拳」。而且，因為她不了解規則，明明不知道勝負，但每次都會很得意的說「我贏了！」（笑）。

扮家家酒時，她會強迫我演小嬰兒。女兒還會跟我玩「躲貓貓」，也會摸著我的頭說「痛痛不見了～」（笑）。那個時候的說話方式，就跟妻子對女兒說話時一樣。她假裝自己是姊姊，使用宛如在疼愛小孩一般的溫柔言語。她明明只是幼兒，卻脫離那個幼兒的身分，扮演其他角色，我看了實在覺得相當有趣。

此外，讓我感受到她的自我意識的變化，就是她偶爾會一個人睡。有一次，我問她：「妳可以一個人睡覺嗎？」女兒很堅定地說：「不要，我要和爸爸睡。」「妳已經是姊姊了吧。」「嗯。」「姊姊應該可以一個人睡喔。」這時她會很勉強地說：「嗯，我一個人睡……。」第一次讓女兒一個人待在黑漆漆的房間，結果不到五分鐘，她就把我叫到臥房：「爸爸，過來～」我馬上到房間去，後來，還是每一天都陪她睡覺。

但最近，她晚上想睡覺時，就算爸媽不提，她也可以自己到臥房去，一個人睡覺。這乃是因為女兒有「自己是姊姊」的自覺，再加上「因為是姊姊，所以必須自己一個人睡覺」的自尊心正在萌芽，亦即所謂「自制力」的萌芽。她勉強忍耐的模樣雖然讓人心疼，但也展現了她的堅強。

隨著自我的顯現，她也逐漸表現出自己的個性。有一次女兒和幼稚園的同伴一起搓湯圓，盤子上，有漂亮的圓形湯圓，也有搓得歪七扭八的湯圓。其中，女兒做的是小到讓人驚訝的湯圓?!不，與其說是湯圓，那大小根本就像紅豆一樣。「這是什麼？」我問。「這是做給螞蟻的。」女兒回答。瞬間，我眼前一黑。其他孩子做的湯圓大小就像一般湯圓，為什麼只有女兒……（笑）。

另外，在秋天的運動會上，小朋友都在賽跑，只有女兒一個人把放在校園角落的交通錐戴在頭上玩，嘴上還說著：「帽子！」旁邊的孩子在沒有輪到自己時，都為正在賽跑的同伴加油，但……

想要獨立、有創造力，是令人開心的成長，只是，身為父母的我們對女兒正要開始發展的個性還是不免有「這樣好嗎？」、「要跟身邊的人一樣，不要太突出」的想法。

這時我也只能努力說服自己：希望孩子照自己教養的方式成長是父母的期待，但孩子已經開始選擇她自己的方向了。

小故事

某天，我跟女兒說：「一起玩吧！」「不要，今天我要自己玩。」於是我只好低聲下氣的說：「讓我一起玩。」女兒才說：「好吧。」女兒的地位遠高於我這件事已經非常明顯了（笑）。

兩歲七個月

開始有自制力，可以不包尿布了！

自制力是社會性的起源

這個月的大事件是，女兒開始不用包尿布了。某天，我上班時收到妻子發來的訊息：「女兒會坐馬桶了！」妻子似乎非常高興，我也很開心的回了訊息：「真的嗎?!」

最近兩個禮拜，女兒可以提前告訴我們她想尿尿。尿意和肚子痛一樣，都是自己固有的內部器官感覺，無法用眼睛從身體外部察覺。能感覺到尿意或肚子痛並告訴他人，不是簡單的事。慢慢的，女兒自己說「想上廁所」的次數也增加了，而我們也會特別注意，每隔一兩個小時就讓她去廁所。因為兩次尿尿的間隔時間已經變得很長，所以我們想應該差不多可以不用包尿布了，現在，白天時女兒不包尿布也沒關係了。

這個月的成長關鍵字是「自我抑制力」，也就是自制力。自我抑制力在邁入社會生活時是非常重要的元素。

事實上，「社會性」的本質就是自我抑制力。因為自己一個人獨處，和與他人在一起時的最大差異就是自制力。當有人和自己同處一個空間時，自己就會開始抑制獨處時很可能會出現的「放屁」或「挖鼻孔」等行為。當然，「不大聲講話」和「不強迫別人接受自己的意見」也是自我抑制的一種。像這樣壓抑自我的感情和欲望，就是所謂的「社會性」。

大家都說，人是「社會性動物」。以生物學的角度來說，螞蟻和蜜蜂也是社會性動物，不過，人類的社會性中，帶有溫暖的互相幫助和自發性的體貼等其他生物上看不到的特點。以這個角度來說，「自制力」是談論人類時的重要關鍵字。

「很想尿尿，但會忍耐到廁所才尿」這種行動抑制，以原始的意義來說，也是「自我抑制力」。到廁所去，乍看之下是單純的行為，事實上，這是適應社會的準備工作，開始將社會規則融入自己的日常生活。

在女兒生活中的各個方面，都開始可以看到她的自我意志力。比方說，之前玩玩具時，當其他孩子說「借我玩」或是「玩具還我時」，女兒都會說「不要」。不只是自己的東西，別人的東西也一樣，只要是她拿到手上玩，就是「我的東西」。但最近她會說「那一起玩吧」，開始和其他孩子一起玩玩具。這無非也是稍微壓抑自己的慾望，願意和他人共享的表現。

此外，女兒很喜歡著色畫，最近她著色的時候已經可以不塗到輪廓線外面了。像這種運動抑制，也是廣義的自我抑制力。

因為哭了，所以要再洗一次?!

因為女兒越來越能自制了，所以我和女兒的相處方式似乎也有些許轉變。之前，讓她看喜歡的DVD，她總是可以沒完沒了的看好幾次，但最近，我跟她說「看過一次就洗澡囉」，她會自己告訴我「看完了」。我猜她應該還想再看一次，但因為現在比較能自制了，所以可以「忍耐」。

此外，洗澡的時我也可以感受到她的自我抑制力。女兒很喜歡泡在浴缸裡，但不喜歡我用蓮蓬頭很粗魯地洗她的臉。

某一天洗臉前，女兒對著我，事先發表宣言：「因為我是姊姊，所以不哭。」實在太讓我驚訝了，所以我故意很壞心地試著比平常更用力地幫她洗臉，結果，她「哇——」地哭了。

但女兒竟然說：「因為哭了，所以要再洗一次」，她一說完，我就不由自主地狂笑。

如果我還是很粗魯地洗，她還是會哭……莫非還要「再洗一次」！明明就很討厭這件事，卻不斷要求，這孩子真是不可思議（笑）。第三次我很輕柔地幫她洗臉。結果，她很滿足地說「這次沒有哭了」，帶著笑容進入浴缸。

這種不服輸的個性似乎跟誰很像，就算是討厭的東西也想積極接受，完全就是自我抑制力的延伸。雖然逃避也不可恥，但這樣的話，心裡會覺得很不痛快，所以要求「再一次」。我在女兒身上感受到人類那種無法簡單解釋的複雜情感。

●小●故●事●

嬰兒睡覺時，兩手會呈W狀，兩腳則彎曲成M字型，姿勢非常可愛，但最近女兒睡覺的時候身體筆直，以像棒子一般的姿勢入眠，感覺有點遺憾。不過當親子三人一起睡時，我的空間倒是變大了一點（笑）。

兩歲八個月

玩家家酒的方式更多元了

可以拿著布偶，一人分飾兩角

女兒很喜歡扮家家酒。最近，她玩耍的方式改變了。「來，我們睡覺囉，我幫你蓋棉被喔。」或「來吃這個吧。」不久前，她會像這樣，在玩耍時以自己為主體，擺弄小熊布偶。但是這個月，她玩耍時會讓登場人物變成兩個。比方說，她會拿兩個布偶，先讓其中一個「砰」地打一下，然後又扮演被打的那個布偶說：「做什麼！好痛。」接著，又扮演打人的那個布偶，向對方道歉。然後，另一個布偶則說：「嗯，沒關係。」女兒會在家家酒遊戲中，進行這樣的對話。除此之外，她也會拿著兩台玩具車，「閃開、閃開」、「不要」，同時扮演兩個角色，讓兩台車相撞。

這是因為能彈性運用觀點，可以更自由轉換角度。以前，女兒會在自己以及從自己的角度看到的對方的世界，換言之，就是在第二人稱的關係中編造故事，最近，她跳脫登場人物的觀點，開始以第三人稱來編造故事。以剛剛的例子來說，在故事的發展中沒有「我」，她分別使用兩個布偶的立場，同時由「我」這個相異於兩者的另一個人物，扮演由布偶演出的舞台劇的編劇及演員。

就像這樣，女兒這個月的關鍵字是「習得多次元觀點」。

關於這事，女兒玩玩具的方式也出現了很值得注意的事項，那就是「假扮遊戲」。之前，女兒會模仿大人，手上拿著話筒說「喂」。最近，她運用東西的方法更靈活了，她會把麻糬或小汽車當作聽筒，貼在耳朵上說「喂」。我想她已經可以不受限於東西原本的用途，開始自由發想了，這也表示她更能隨意轉換觀點。

過去，女兒也曾經以不同的方法來玩玩具，但當時只是因為不知道真正的使用方式而已，如今則是可以更自由地發揮想像力了。而且，她現在也會針對眼前的東西思考「這玩意兒可以怎麼玩呢」，比方說，「來比賽看看哪一個可以滾得比較遠」等等，自己發明新的玩法。

這種富有彈性的發想對大人來說也非常重要。例如，日幣的仟圓鈔和百圓銅板的價值可能依情況而定，如果是想打開硬得可以割傷指甲的易開罐，百圓銅板絕對會比較有價值。以報紙來說，則是雖然讀了能知天下事，但也可以拿來包裹蔬菜、取暖，或是擦屁股，有各種使用方式。

這個年紀的孩子開始擁有針對各種狀況，轉換對事物看法的柔軟發想力，這也是在為長成大人做準備。

開始在托兒所分享家裡發生的事

前幾天，老家寄了蘋果來。女兒非常喜歡吃蘋果，妻子很快就幫她削皮，女兒開心地說：「謝謝，好好吃喔。」妻子也幫我削了皮，看到我在吃蘋果時，女兒問：「你怎麼沒有說謝謝？」好像是在說我怎麼可以默不吭聲地就吃了起來（汗）。反省……

最近，女兒會幫我跟妻子說：「爸爸說『他想吃飯了』。」這是不容忽視的變化。因為她不是告訴對方「自己想吃」，而是告訴另一個人「爸爸想吃」。這也是第三者登場的多元觀點活用。能夠做到這一點，乃是因為管理記憶的容量增加，就算大腦內的登場人物變多，還是可以處理，不會混亂。

女兒開始會在托兒所說起我和妻子說過的話，以及在托兒所外發生的事情。某天，妻子說她去接女兒時，平常很少打交道的所長詢問女兒在家裡如何被教育。我大概可以猜到所長為什麼要問這個……

這是我帶著女兒在家上廁所時發生的事。女兒雖然上過廁所、洗了手，但很喜歡廁所的她一直不想離開。因此我說：「爸爸差不多該去上班囉。」然後假裝要關上廁所的門。結果，一個手滑不小心真的把門關上了，洗手間內變得一片漆黑！可憐的女兒哭了起來……。「啊，抱歉抱歉。」說著，我連忙把女兒帶出洗手間。

女兒似乎跟所長說她曾經「被爸爸關在廁所裡」（笑）。所長的疑惑雖然馬上解開，但知道女兒的記憶內容大致正確的托兒所老師，應該是覺得女兒不是在說謊，才會詢問妻子到底發生了什麼事。

我真想拜託女兒：「家家有本難念的經，以後說話可得小心一點啊！」（笑）。

小・故・事

女兒在果汁店前說：「想喝草莓汁。」「馬上就要吃晚飯了，忍耐一下。」我說。結果女兒說：「喝了會變成蝴蝶喔。」女兒似乎把自己融入繪本《好餓的毛毛蟲》（偕成社）的最後一幕。因為這句話，我只能舉手投降了（笑）。

Column
08

進一步了解！

大人的大腦發育專欄

才能，有多少是遺傳，又有多少是環境決定的？

並非所有才能都是與生俱來。但是，遺傳確實會有影響。

調查遺傳影響的古典方法是雙胞胎研究。實驗中聚集了擁有相同基因的同卵雙胞胎和只有一半基因相同的異卵雙胞胎，針對他們的才能和體質加以比較。因為也考慮到環境的影響，所以以兩人在不同環境成長的雙胞胎為研究對象。藉此，可以推斷基因和環境的影響各占多少比例。

但現在有更直接的調查方法，那就是基因檢測。只要我們採取唾液樣本送到某些企業，他們就會幫忙檢測基因。

透過這種大規模的調查，多少可以了解基因的影響範圍。不，正確的說法是，具體而言，我們「幾乎不知道」什麼樣的基因和什麼樣的才能有關。

因為多種基因複雜交錯，要拆解非常困難。事實上，或許根本就無法解開。比方說，我們知道是否有「絕對音感」，是會遺傳的[101]，但並不知道是跟什麼樣的基因有關。除了絕對音感，計算能力[102]和閱讀寫作[103]、是否擅長外語[104]，某種程度都和基因有關。但是，幾乎都不知道該檢測什麼基因。

「遺傳」和「環境」的影響各半

讓我們以明顯受到遺傳學影響的「絕對音感」為例，進一步說明。並不是只要擁有絕對音感的必要基因連鎖群，就一定有絕對音感。除了要有適當的基因，還必須有在孩提時代接受「適當的教育」這種環境因子。也就是說，如果沒有接受絕對音感的訓練，就不會有絕對音感，必須接受視唱練習（solfège）（主要是讀譜）或彈鋼琴這些訓練。

歸根結柢，絕對音感是基因和環境影響的「複合能力」。光擁有基因還不夠，如果養育者沒有提供適合的環境，才能就無法發揮。

有些才能除了必須具備絕對音感這樣的適切基因，同時，也要準備適當的環境，另一方面，對許多才能來說，基因只會發生些微影響，環境才是決定的關鍵。

從這些事情我們可以估算出，整體而言，才能和環境的影響大概各占一半。

我檢測自己的基因時，發現了驚人的才能。檢測者告訴我，我擁有可以練就出世界級短跑選手肌肉的基因，我回想國高中時期，我的短跑和跳躍能力非常好，運動會時也代表班級參加接力賽跑，說不定我可以成為優秀的職業選手?!不過，那只是我的自以為是，事實上不可能。因為我並不喜歡活動身體，更不用說加入運動社團。我參加的社團或俱樂部，全是文化類的。

如果想要讓基因賦予的才能徹底發揮，必須具備以下幾項要素：一、重複訓練的能力，二、透過訓練讓成績進步的才能，三、對那件事的喜好，四、無比的耐心。這些要素的相互關聯讓人很難對基因的影響做一個很清楚的結論。

幼兒期多體驗，就能培養優異反射力

我認為「有才能的人」，就是很善於使用反射力的人。所謂「反射力」，就是可以針對當下狀況進行具瞬間爆發力和即興力的合理判斷。也就是說，當因為某種原因而受挫時，可以快速想出適合的點子來突破難關，或者，發生爭執時知道要如何溝通才能順利解決。

換言之，所謂反射力，就是大腦在某種狀況下無意識地運作，透過自動計算找出正確答案的能力。必須長期不斷累積才能快速而正確反射，而經驗豐富的人，就會有好的反射。

專業棋士想到怎麼走下一步棋、經驗老道的古董商可以一眼看出碗的價值，這些「直覺」都是多年經驗累積出的自動反射。擁有好的經驗，自然會有優異的反射。

所以，對育兒來說，最重要的就是「提供孩子好的體驗」。比方說，不光是閱讀恐龍圖鑑，還要前往博物館去看真的化石；不能只在游泳池游泳，還要讓他們沐浴在森林的溪流中；不光是數位視聽軟體，也要帶他們接觸真實的舞台、演奏或美術作品等等。

或許大家會覺得「我們家的孩子還很小」，的確，幼兒期的孩子沒有能力跟身邊的人表達他們的所思所想，所以站在大人的角度，會覺得「孩子沒有認真思考」。但是，檢測大腦活動後會發現，完全不是這麼一回事。孩子會感受、吸收到各種事物[105]。

的確，因為孩子的大腦正在發育，並不是那麼擅長情節記憶，所以長大成人之後，在意識上並不記得那些經驗[106]，但那只是表面，幼兒時期的體驗會以體感的形式殘留在無意識的神經迴路，孕育出直覺力和反射力[107]。

關於「經驗」，我還想補充一些說明。曾經有個實驗[108]，讓幼小的老鼠在成長過程中只聽「La」音，成長為一隻對「La」音反應很敏感的老鼠。換句話說就是聽「La」音的專家。但讓牠聽「Mi」音後，發現牠的大腦無法順利反應。如果在只有「La」音的世界中成長，就不知道「Mi」音是什麼。為了知道「La」音真正的意義，必須有聆聽「Sol」或「Si」等「La」之外聲音的經驗。

換言之，剛剛所說的「提供良好體驗」，並非只要經歷「高品質的經驗」就可以。大腦會透過多種經驗，培育出了解差異的能力。

創造環境，為孩子培養各方面才能

只有極其少數的人能夠徹底發揮與生俱來的才能，成為一流的運動選手或世界級藝術家。有一項才能顯得突出，對職業選手來說雖然很重要，但如果以山作為比喻，可說是陡峭的山壁，雖然很棒，但換個角度想，也可說是「只有這種才能而已」。

一般來說，有平緩的廣大原野才能成就高山。在發揮專長的同時，也必須熱情地廣泛涉獵不擅長的事。擅長的事就算不多加費力，也會不斷成長，我們只要不著痕跡地予以支持就可以，相反的，對不擅長的事要花上比擅長的事多出好幾倍的時間。當然，前提為不能是本人極端討厭的事。

不能因為孩子沒有才能而早早放棄，而是要熱情地加以培養，以「培養出五育均衡的人材」為目標，才是教育的本質[109]。

101 參考文獻：Baharloo S, Johnston PA, Service SK, Gitschier J, Freimer NB. Absolute pitch: an approach for identification of genetic and nongenetic components. Am J Hum Genet 62:224-231, 1998.

102 參考文獻：Alarcon M, DeFrie JC, Light JG, Pennington BF. A twin study of mathematics disability. Journal of learning disabilities, 30:617- 623, 1997.

103 參考文獻：Stevenson J, Graham P, Fredman G, McLoughlin V. A twin study of genetic influences on reading and spelling ability and disability. Journal of child psychology and psychiatry, and allied disciplines, 28:229-247, 1987.

104 參考文獻：Ellis R. Understanding Second Language Acquisition 2nd Edition-Oxford Applied Linguistics. Oxford university press, 2015.

105 參考文獻：Paterson SJ. Heim S, Friedman JT, Choudhury N, Benasich AA. Development of structure and function in the infant brain: implications for cognition, language and social behaviour. Neurosci Biobehav Rev, 30:1087-1105, 2006.

106 這種現象稱為幼兒期健忘。比方說，帶他去旅行，一年後他連旅行這件事都會忘記（參考文獻：Madsen HB, Kim JH. Ontogeny of memory: An update on 40 years of work on infantile amnesia. Behav Brain Res, 298:4-14, 2016.）。

107 參考文獻：(1) Li S, Callaghan BL, Richardson R. Infantile amnesia: forgotten but not gone. Learn Mem, 21:135-139, 2014. (2) Travaglia A, Bisaz R, Sweet ES, Blitzer RD, Alberini CM. Infantile amnesia reflects a developmental critical period for hippocampal learning. Nar Neurosci, 19:1225-1233, 2016.

108 參考文獻：Han YK, Kover H, Insanally MN, Semerdjian JH, Bao S. Early experience impairs perceptual discrimination. Nat Neurosci, 10:1191-1197, 2007.

109 養育子女沒有標準答案。這不是科學研究的結論，充其量只是我過去二十年在教育現場指導學生的經驗談，是非對錯還請讀者自行判斷。再者，歐美已經開始根據近年的專業研究結果，從學術的角度，重新檢視孩童教育中應該重視的要素（參考文獻：Skills for Social Progress: The Power of Social and Emotional Skills. OECD 2015.）。

兩歲九個月

能回應別人的期待，徹底搞笑

對諧音很感興趣

有人問「你幾歲？」時，女兒已經可以回答「兩歲九個月」了（笑）。我想她應該還不知道「〇個月」的意思，單純只是把它背下來而已。

有一次，我曾在和朋友的對話中被問到「〇〇（女兒的名字）是兩歲八個月嗎？」結果，一旁的女兒插話說道：「不對，是九個月！」（笑）。雖然對方不是在跟自己說話，但發現大人正在談論自己，且內容有誤，所以加以「訂正」。我發現女兒理解話語的能力又更上一層樓了[110]。

有的時候，女兒也會指正我「〇〇（女兒的名字）是『私』，爸爸是『ぼく』」。女兒用「私」來稱呼自己，但發現爸爸用「ぼく」來稱呼她，所以加以糾正。這表示隨著語言理解能力的進展，女兒不只知道自己和對方不一樣，也知道他們的屬性和特徵有所差異。

這個月女兒最大的變化是「預測對方反應的能力」又變得更好了。比方說，她會說出不知道從哪裡學來的諧音，期待對方有所反應。她似乎發現有幾句話有諧音的效果，但自己並不覺得那些諧音本身很有趣，只是因為講這些話對方就會笑，所以就為了回應對方的期待而說。因為女兒以明顯和平常不同的滑稽語調在念這些句子，我忍不住笑了出來。

另一方面，女兒也越來越容易因為知道對方的期待和社會慣例是什麼，而故意讓大家的期待落空，並為此感到開心。在我家，當對方說「對不起」時，通常自己都會以「沒關係」來回應，但是當我跟女兒說「對不起」時，她會故意說「我生氣了」（汗）。

此外，女兒也會出現故意讓爸媽生氣的舉止。看到爸媽緊張地說「再不出門就來不及了」，她會故意慢慢穿衣服，或者把鞋子的左右腳反過來穿。妻子似乎對這樣的行為很憤怒，女兒則是毫不在意地說：「為什麼要這麼生氣？」（笑）。知道對方和自己是不一樣的人，心理狀態也有所不同是好事，但是女兒還不懂得體貼別人的心情。我會等她慢慢長大。

每個人的成長過程都不一樣

換個話題。這件事發生在和姊姊一家人一起過新年時。姊姊有一個比女兒大一歲的孩子，也就是女兒的表姐。那個女孩似乎已經可以讀出、寫出所有平假名。新年假期時，因為有一點時間，我讓女兒玩了如大腦研究遊戲般的實驗。

女兒在半年前對英文字母發生強烈興趣，雖然沒有特別訓練，但等我回過神時，發現她已經全部背下來了。因此，就像我在一八〇頁的專欄中寫的，我想試試女兒是否也可以把平假名背下來。

我讓女兒看免費的網路平假名教學影片，她看得津津有味、非常入迷。「照這個狀況，她可能很快就可以記住平假名了！」我心想。沒想到，女兒感興趣的只有看影片，她對真正重要的內容並沒有興趣，也完全沒有想把平假名記下來的跡象。

另一方面，喜歡數字的女兒已經會做類似加法的計算了！當我問她「二加三等於多少？」她會讓右手豎起兩根手指，代表二，左手豎起三根手指，代表三，再一根根算著豎起的指頭「一、二、三……」，然後告訴我總數是「五」。我想她是在模仿我之前做的事。「那四加三呢？」我問她，她果然又一根根豎起手指頭來算。因為無名指很難豎直，她的手指一直發抖，計算起來非常花時間（笑）。

透過這個月的實驗我發現，大腦會吸收什麼、記得什麼，跟是否準備好要接受那些知識有關。這讓我再度深切感受到，每個人的成長過程都不一樣。以專業術語來說，稱為「做好心理準備」[111]。只要本人沒興趣，不管再怎麼努力，學習都不會有進展。揠苗助長，無濟於事。

小故事

妻子進入懷孕最後一個月了。女兒看著妻子變大的肚子說「裡面有小嬰兒」。之後，她指著我的腹部說「爸爸的肚子裡有……大便」。雖然女兒說得也沒錯，但……（笑）。

註釋

110 接近三歲時，女兒已經可以記下大約一千個字彙了。這個時期稱為「模仿期」，顧名思義，會經常模仿周遭人說的話。「仔細聆聽」身邊的對話，對模仿來說是必要過程。

111 參考文獻：Manchester KL. Louis pasteur（1822-1895）--chance and the prepared mind. Trends Biotech, 13:511-515, 1995.

兩歲十個月

懂得體貼別人了

女兒是「騙子」?!

我的二女兒出生了。感覺就和第一次要迎接大女兒時一樣新鮮，隔了許久才又看到小嬰兒，我還是覺得「她好小、好脆弱」。大女兒現在很喜歡妹妹，從托兒所回家後，她劈頭一定會先問：「小嬰兒在哪裡？」

我在大女兒身上看到了明顯的成長。其中之一是「說謊」。快滿兩歲時，只要出去玩到不想回家，她就會把鞋子藏起來，騙我「沒有鞋子」（一四一頁），這次說謊的技巧又稍微複雜了一點。

女兒不聽話時，有時我會說「我叫魔鬼來抓妳」，然後假裝要打電話。某天，因為女兒不想整理玩具，我一如往常地說「我來問問魔鬼，看妳是不是好孩子」，同時假裝要打電話。女兒當時坐在旁邊，看到正假裝要打電話的我，彷彿要講給電話另一頭的人聽一樣，大聲地說：「我已經整理好了！」

女兒覺得「雖然爸爸知道我沒有整理，但在電話另一頭的魔鬼看不到我」，所以對魔鬼說謊。這不是一對一的謊言，而是有第三個角色在場的謊言。換言之，這個謊言的前提是對自己以外的他人，分別運用不同的意志和心理，理解哪一種狀況對自己有利，並思考如何行動最妥當之後才說謊。

女兒是「騙子」這件事雖然有點讓人悲傷，但我還是為她成長這麼多感到開心。不過，玩具沒有整理這個問題還是沒有解決（汗）。

說謊技巧變厲害的證據不止如此，女兒也開始會確認我或妻子是否在說謊。

我經常會為了想知道女兒是否真的理解事理，故意說了不正確的事，算是一種白色謊言。就像一六五頁提到的，我會拿小貓布偶讓她看，跟她說「這是熊吧」，這時女兒會否定地說「不，這是貓」。經過這樣的測試，就可以確認女兒能夠分辨貓和熊。

之前，針對女兒無法自己判斷的事，我會給一個模糊的答覆，但最近她開始會跟自己的媽媽確認：「爸爸說〇〇，是真的嗎？」

這樣的疑問是基於她認知到「自己會說謊」，所以可以推測「別人應該也在說謊」的高度技巧。女兒也曾經問我的妻子：「媽媽，魔鬼真的會來嗎？」（笑）。

換個話題。女兒最近已經可以自己穿衣服了，她也會來要我前後左右確認她的服裝。這種特地來確認的行為，是因為她發現自己是「會犯錯的人」。我感覺這些細微的動作，和女兒能夠說出帶著多元觀點的謊言有關。順帶一提，穿鞋時，她雖然不會弄錯左右腳（除了故意弄錯之外），但要分出襪子的左右腳對她來說還很困難。

若無其事地幫忙

最近，我也開始感受到女兒的體貼了。從幼稚園回家的路上，她和我手牽著手走路時，會突然說「我幫你拿」，然後就把我另外一隻手上的包包接過去。

我們就這樣走到斑馬線前。我雖然覺得女兒幫我拿包包是好事，但女兒因此得兩手垂放。因為我之前教過她「過馬路時手要舉起來」，所以想看看「兩隻手都沒空的女兒會怎麼做」。結果，她催促我「爸爸，你代替我舉手」，之後又追加了一句「因為〇〇（女兒的名字）拿著包包，沒辦法舉手」。

女兒了解交通規則，因此想出了一個自己無法遵守規則時的方案，這正是「預測和對應」。「說謊」也是一種「預測和對應」的技巧，因此，這些充滿彈性的處理能力，在這個時候一起萌芽了。

女兒從以前開始就很喜歡幫忙，但那只是「因為自己想做」而已。但這次幫我拿包包，感覺有點不一樣。幾天前，妻子在廚房忙得暈頭轉向時，她也在一個很好的時間點幫了忙。像這種體貼的「溫柔」，應該和妹妹出生有關吧。在女兒身上，看到苦惱的人就對他伸出援手、慰勞別人的辛勞等意識到他人的行動，突然變得非常明顯。

女兒馬上就要三歲了，差不多是該進幼稚園的年齡，而她也逐漸具備在人類社會中生存的重要條件。

小故事

「要沖馬桶喔。」我說。「不是馬桶，應該是沖尿尿吧。」女兒回答。這時，我不禁回應「是，對，沒錯……」。雖然有點強詞奪理，但女兒確實是對的（笑）。

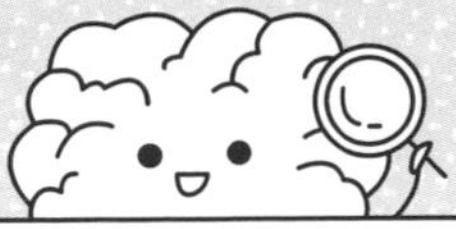

Column
番外篇

進一步了解！
大人的大腦發育專欄

「獨生子女」與「有手足的孩子」哪一種比較多？

二〇一七年的日本生育率[112]是一・四四。生育率指的是婦女一生中生育子女的總數。當這個數字降到二以下，表示日本人口正在逐年減少。

生育率跌破二的時期，除了一九六六年的特殊個案之外，還有第二次嬰兒潮之後的一九七五年（參照二二〇頁圖表）。但是，人口並沒有在這兩個時期之後馬上開始減少，因為人口數量的改變是由「出生人數」與「死亡人數」的平衡來決定。一九七五年之後，因為醫療技術大幅提升，逐漸步入高齡化社會。結果，就算生育率降到二以下，日本的人口也沒有馬上減少，直到二〇一五年的國勢調查中才首次出現人口明顯減少。出生人數少於死亡人數是這幾年才開始。

大家可能會覺得，生育率降到一・四四，

總生育率的年度變化

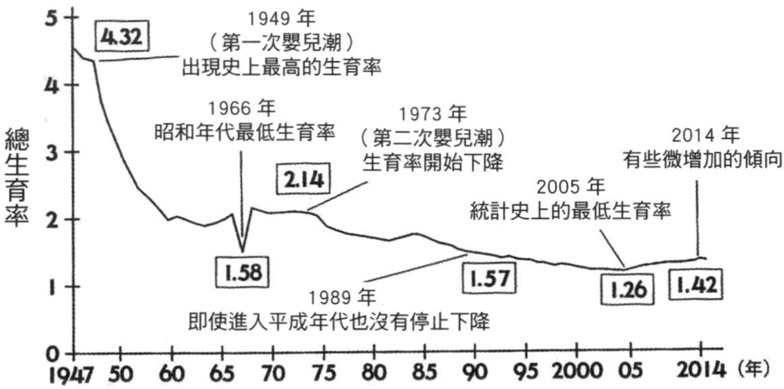

節錄自　內閣府「平成28年版 少子化社會對策白皮書(www8.cao.go.jp/shoushi/shoushika/whitepaper/measures/w-2016/28pdfgaiyoh/28gaiyoh.html），參照「第1-1-1 圖 出生數與總生育率的年度變化」

應該會有很多獨生子女。這種想法是錯誤的，「完結出生兒數」[113]調查的便是每對夫妻生育的子女數（參見左頁表一）。

根據表格，獨生子女的比例確實增加了，但根據二〇一五年的調查，七・五％的夫妻都生育了兩名以上的子女。

生育率降低的原因，主要是單身者增加了。根據國立社會保障・人口問題研究所發表的資料，二〇一五年的「終身未婚率」[114]，男性為二三・三七％，女性為十四・〇六％（參照左頁表二）。不結婚的理由以「想確保金錢與行動自由」居冠。

若我們把視野放到全球，目前世界總人口數為七十四億，到二十一世紀，

表 1　1977 年、1997 年、2015 年的「完結出生兒數」

調查年度	完結出生兒數（人）	細節（%）				
		0 人	1 人	2 人	3 人	4 人
1977 年	**2.19**	3.0	11.0	57.0	23.7	5.1
1997 年	**2.21**	3.7	9.8	53.6	27.9	5.0
2015 年	**1.94**	6.2	18.6	54.1	17.8	3.3

節錄自　厚生勞動省「第 15 次 出生動向基本調查」
(www.mhlw.go.jp/file/05-Shingikai-12601000-Seisakutouka　tsukan-Sanjikanshitsu_Shakaihoshoutantou/0000138824.pdf)、參照「圖表II-2-2 夫妻生育子女數量分布之變化（婚姻持續時間 15～19年）」

估計會突破一百億。但人口增加率呈現整體減緩的趨勢。主要理由是發展中國家多半會進行避孕等家庭計畫。換言之，「人口爆炸」的時代畫上句點，現在已經邁向穩定狀態，步入「安定化期」。

生物的個體數會依循「費爾哈斯特（Pierre-François Verhulst）模型」而變動[115]。這名詞聽起來似乎有點難，事實上這個原理非常簡單，它的意思是「如果地域環境的容量還有多餘，個體數就會增

表 2　「終身未婚率」與「平均初婚年齡」的資料

調查年度	終身未婚率（%） 男性	終身未婚率（%） 女性
1980 年	2.60	4.45
2000 年	12.57	5.82
2015 年	23.37	14.06

調查年度	平均初婚年齡（歲）		（資料）母親生產時的平均年齡（歲）		
	夫	妻	第一胎	第二胎	第三胎
1980 年	27.8	25.2	26.4	28.7	30.6
2000 年	28.8	27.0	28.0	30.4	32.3
2014 年	31.1	29.4	30.6	32.4	33.4

終身未婚率—節錄自國立社會保障・人口問題研究所「人口統計資料集 2017」(www.ipss.go.jp/syoushika/tohkei/Popular/Popular2017.asp?chap=0)、參照「表6-23 性別、50歲時的未婚比例（終身未婚率）、有配偶比例、配偶死亡比例及離婚比例：1920～2015年」
平均初婚年齡—節錄自內閣府「平成 28 年版　少子化社會對策白皮書」(www8.cao.go.jp/shoushi/shoushika/whitepaper/measures/w-2016/28pdfgaiyoh/28gaiyoh.html)、參照「第I-I-8圖　平均初婚年齡與生育各胎次時的母親平均年齡變化」

加，反之則會減少」。人是生物，當然沒有例外，如果日本人口超過日本這個環境所能容納的，人口就會開始減少，這是自然的原理。

從針對夫妻所做的問卷調查可以清楚發現，不想生孩子，或是只想生一個孩子的理由，以「家庭經濟的壓力」占最大比例，這和剛剛提到的未婚理由很類似。以一般家庭來說，人生中占比最大的支出是「居住費用」。沒錯，土地和大樓價格太高，正好證實了現在的日本「人口過多」，因為居住場所不夠。

日本的生育率是一・四四，如果人口持續減少，將來便會有多餘的土地，地價也會下跌，居住費用也不再會對家庭經濟造成壓力，換句話說，少子化應該會踩剎車，這也是自然的原理。一旦進入這樣的時代，照理應該可以在走路即可抵達工作場所的區域內搭造自家住宅，生活環境也會好轉。

但事情沒那麼簡單，因為少子化會造成勞動人口減少、生產線和服務業找不到員工、國內消費停滯、年金制度崩壞等，與社會危機密切相關的問題。

不過，也有專家認為，這些問題只要社會制度改變就可以解決。比方說，光是讓女性與高齡者擁有同等的雇用機會，就可以讓勞動人數比現在增加一倍[116]。

每個人都有他自己的人生，結婚生子也是個人自由。個人價值觀並不能被他人的意見或社會趨勢輕蔑。人生只有一次，務必要用自己可以接受的方法來生活。

有了這個概念後，我想說一下個人的感想，養育子女真的「很開心！」家裡有孩子帶給我一種過去完全無法想像的美好驚喜。光是看著兩個女兒睡覺時的臉龐，我便能感受到完全可以彌補失去金錢與行動自由的幸福[117]。

日本的社會制度以後會如何發展呢？雖然想生小孩，卻因社會性的理由而無法生育，那就是問題。這是我們每個人都必須負起的責任，這件事攸關下一代的未來，畢竟大部分的孩子，都還要再活一百年（參照六十一頁）。

註釋

112 嚴格來說，應該是「總生育率」（Total Fertility Rate）。指的是十五到四十九歲女性的生育率合計。還有「期間總生育率」（某段期間的生育率合計）和「特定世代總生育率」（從過去開始累計同一個世代女性的生育率）。

113 這裡指的是每一對結婚十五到十九年夫妻的平均生育子女數。

114 到五十歲為止沒結過婚的人的比例。

115 參考文獻：Pearl R, Reed LJ, On the rate of growth of the population of the United States since 1790 and its mathematical representation Proc Nat Acad Sci, 6:275-288, 1920.

116 順帶一提，在瑞典或挪威等男女雇用差距較小的國家，男女平均壽命的差別比日本小。

117 當然，我也了解雖然很想要小孩卻一直無法生育的夫妻的心情，我們夫妻有十一年都沒有小孩。

兩歲十一個月

三歲是第一個轉折點

支持一生的基礎已經形成

因為妻子必須全心全意照顧我們的第二個女兒，所以我便專心陪伴大女兒。這個時候，我一直提醒自己要比以前加倍疼愛她，如此一來，大女兒心裡就可以得到滿足，比較不會吃小女兒的醋。今天早上，出門工作前，我花了很多時間陪她玩騎馬遊戲，等到要上班時已筋疲力竭（笑）。

因為現在家裡有四個人，所以我工作的方式也有了改變。就算事情做到一半，我也會暫時打住、早點回家，不會等做完所有工作才下班，也會花更多時間陪孩子和做家事。

下個月就滿三歲的女兒，已經會讀繪本了。一個月前，她突然每天都說「想看《あいうえお》」，很想看之前跟大家提過的教材影片。看了之後，女兒很快就記住所有文字。兩個月前我讓她看相同的影片，她明明完全沒有反應，而現在自己感到興趣時的吸收力，卻好到讓人驚訝。

三歲這個年紀，從大腦研究的觀點來說，是重要階段。一如四十一頁的資料所顯示的，如果把人類原本擁有的神經細胞當作一百，到三歲時會減少七〇%，剩下三〇%。因為不需要的神經細胞會消耗我們的能量，所以身體會把它們丟棄。之後，就以剩下那三〇%的神經細胞度過一生。換句話說，三歲時身體會決定要留下哪些神經細胞。三歲之前的時間，會因為接收到各種刺激而決定「這個很重要，要留下來」、「這個不需要，可以丟掉」。若我們將資料擴大解釋，則「江山易改，本性難移」這句容易被誤解的話，也可說成「最重要的是，三歲之前，父母要仔細思考想教出什麼樣的小孩、又該如何教育」。

當然，絕對不能勉強。要加以溫柔的引導，讓孩子產生興趣，為了不錯過產生興趣的時間點，從平常開始，就要仔細觀察，以最自然的形式，若無其事地加以協助，這也是在考驗父母的教養能力。

以我來說，我希望女兒碰到事情時，可以自己思考、做出決定，這三年來，我都在努力培養女兒的自發性對應力，因為獨立思考的能力可以成為一生的支柱。舉例來說，若女兒做了壞事，要盡量避免不分青紅皂白地加以斥責，必須讓她可以用自己的話來說明為什麼這麼做，「這事該做嗎？還是不應該？」、「知道為什麼不該做嗎？」、「那你為什麼還要這樣做呢？」

我不知道一直如此教養會有什麼樣的成果，但我發現，最近女兒確實已經逐漸能夠自己思考。看到女兒這個樣子，我覺得在她三歲這個轉折點，自己已經完成一件為人父母的任務了[118]。

當然，在教養子女這件事上，我們很難說什麼才是正確的，我不能保證什麼樣的教育方法一定對，但根據我二十五年來持續研究大腦的經驗，我相信對女兒來說，好的教育方式應該要避免過度干涉，盡可能幫助她發展思考與邏輯能力。

小故事

早上要出門工作時，女兒說：「不要去！」我心想「好可愛啊」，女兒又說：「我想看《あいうえお》～」不料，當我把影片準備好時，女兒卻說「你可以去上班了」……我還真像是個打雜的啊（笑）。

註釋

⑱三歲之後，不管我們或女兒都會有一種女兒已經「獨立自主的感覺」。她開始可以一個人睡覺，說明理由時，也能加上自己的想法。當我們在照顧小女兒時，她一定覺得很孤單，而且因為她偶爾會表現在臉上，讓我更是心疼。但她不會直接告訴身為父母的我們，雖然我心裡想著：不用忍耐、可以來跟我撒嬌……，教養真難。

三歲

有幾個輪胎？

文字可以記錄、也可以表達想法

女兒對文字很感興趣，很快就能記下所有片假名。看到女兒這個樣子，妻子想到從她三歲生日那天開始，就讓她寫日記。寫圖畫日記很快就成了我們親子的習慣[119]。

某天妻子外出，我和女兒一起寫圖畫日記。之後，聽到在隔壁房間睡覺的妹妹哭了。我到隔壁去幫妹妹換尿布，再回到女兒所在的房間，打算繼續寫日記時，發現在日記本的角落寫著「〇〇（女兒的名字），忍耐」，一定是因為女兒「表面上看起來活潑開朗，內心卻因為爸爸被搶走而感到痛苦」。妹妹出生之後，我已經盡量小心不要讓她覺得自己受到冷落了，沒想到她心裡還是這麼糾結。

感受到看不見的東西

這個月女兒的成長就是可以感受到看不見的東西。

比方說，我讓她看了有七個蘋果的影像，數到第四個的時候，畫面消失了。但是，女兒記住影像，還是可以數出看不到的七個蘋果。而且，就算數到第四個時，我問她「要不要喝果汁」，想要打斷她，她還是可以在拿到果汁、喝了一口之後，又「五、六、七」地繼續數。這表示她已經有了將不在眼前的東西的影像保留在大腦中的能力。

女兒學會的另一個與此相關的能力是數車子的輪胎。「有幾個輪胎？」我問，「四個。」女兒回答。實際上看得到的只有在眼前那一側的兩個輪胎。但是，女兒想像車子是對稱的，所以連看不到的那一側她也數了。就算是大卡車也一樣，雖然眼前只能看到三個，但她數了兩側，所以回答「六個」。

此外，女兒也會講電話了。雖然還沒有辦法說得很好，但她知道不在眼前的爺爺、奶奶就在電話另一頭，透過話筒可以聽到他們的聲音。也就是說，她可以感受到看不到的對方的存在。

這件事對大人來說非常理所當然，但對孩子而言就沒那麼簡單。幼兒會認為他看到的就是全世界。要感受到「眼睛看不見的東西」，需要更進一步的認知能力。

我們能夠假設看不見之物仍然存在，因此就算看不到實體，也可以天馬行空的想像。這會讓人類的能力瞬間擴大，讓我們可以預測將來、體貼遠方的人、願意參與慈善活動。而且，還可以想像宇宙的構造、想像以顯微鏡觀察到的微生物世界、處理非真實存在的虛數和多次元空間等，唯有能夠想像看不見之物，科技才能進步。

以下或許是這件事情的延伸，前幾天，女兒看到蜉蝣掉在水窪裡，她說：「蜉蝣死了嗎？」死亡，是存在的結束，亦即「不存在」。因為我還不知道是不是該教她死亡的事，所以會特意避開這個話題。但能夠感受到「眼睛未見之物的存在」後，雖然或許她依舊是一知半解，然而應該已經可以理解死亡了。

小・故・事

我每次都會很用力幫女兒洗臉，所以她怎麼樣都不肯跟我一起洗澡。「兩個人一起洗，浴室會變得很小吧」，最近，她開始會拚命為這件事找藉口了（笑）。

119 一直到本書出版時，女兒每天都持續寫日記。妻子說，她也是從很小的時候開始就有寫日記的習慣。

Column 09

進一步了解！

大人的大腦發育專欄

早期教育的真相

很多人都知道智力測驗，其正式名稱是「比奈式智能測驗」，這是法國心理學者阿爾弗雷德・比奈（Alfred Binet）在一百年前設計的。比奈認為支持智能的三大要素為：邏輯能力、語言能力、熱情。

無法用「邏輯」來思考的人當然就不用說了，但即使可以用邏輯思考，如果沒有將訊息傳遞給他人的「語言能力」，對其他人來說等於是「沒有在思考」。另一方面，就算邏輯力和語言力都很出色，但如果沒有發揮這些能力的「熱情」，終究也只是一個「沒有能力」的人。這三個要素只要缺了任何一項，都無法形成智能。

那麼，這三個要素最容易受到忽略的是哪一項？我認為是邏輯能力。所謂邏輯，就像數學或物理。父母常會讀繪本給幼兒聽（醞釀

「語言能力」），勉勵孩子要奮發向上（培養「熱情」），但應該很少教他們如何計算或思考圖形吧，與數學和物理有關的玩具或繪本也非常罕見。

芝加哥大學的貝洛克（Sian Beilock）博士就很強調「幼兒時期學算術的重要性」。博士的研究團隊針對小學一年級的學生與其父母，共計五百八十七位家人進行測驗，想測量在家學算數的效果[120]。在一年的時間裡，父母使用平板電腦，讀有關計算和圖形的繪本給學生聽。

調查結果顯示，有在家學算數的兒童，其算術成績比聆聽一般故事的兒童高了三〇%。不用每天學習，只要一週一次就很有效果。而且，在父母不擅長算數的家庭，效果特別好。

最該培育的是「思考能力」

不過，希望各位注意，我並不是在鼓勵「早期教育」。我認為單純只是填塞知識的早期教育，以長期來看，幾乎沒有效果（但我沒有說不能進行早期教育）。

三月出生的棒球選手人數，大約只有四月出生的棒球選手的一半，職業足球選手的人數比例也差不多是這樣。這或許是幼時體格差距的影響，這個時候的運動能力只要差一歲就有明顯差異。幼年時期產生的自卑感，長大之後應該很難克服[121]。

以東京大學的學生人數為例，三月和四月出生的人數不相上下。也就是說，相異於體格上的差別，對智力的自卑感可以完全克服

不止如此，從這份資料還可以歸納出「早期教育的效果十分有限」這個結論。因為三月出生的人幾乎比四月出生的人早一年得到學習的機會，雖然和比自己大一歲的兒童一起上同樣的課，考上東京大學的人數比例並沒有增加。這就是提早開始接受教育未必有效的證據。

針對幼兒教育，我所重視的並不是提早教他們以後會在小學學到的計算和漢字。填塞知識對我來說完全沒有吸引力，這樣的知識只要將來進了小學，就會學到。即使父母基於單方面的焦慮而卯起勁來認真教導，其效果也只是暫時的[122]。

或者可以說，在幼年時期有幼年時期該學的東西。我特別重視和自然與實際物體接觸的「五感體驗」，以及之後會談到的「忍耐力」等。此外，對事物感到驚訝、疑惑的「疑問力」和「知識力」、遵循道理思考的「邏輯力」、理解未來或他人內心等不可見事物的「推測力」、加以適當判斷的「對應力」、可以從多元角度來說明的「柔軟性」、傳達自己想法和傾聽他人想法的「溝通力」等，也是重要的養成關鍵。

一般人對於「因為沒有處理而失敗的事」所感受到的責任，比「已經處理了，但依

舊失敗的事」來得大，這一點在工作和學業上或許特別明顯[123]，但事實上，教養子女也是類似的道理。就算不想在意其他父母對他們的孩子施予什麼樣的教育，還是忍不住會注意。

在這樣的情況下，要「決定**不**讓自己的孩子接受早期教育」或「**不**讓他們學任何才藝」，非常需要勇氣。

因為未經思考的不安感而讓孩子什麼都做、什麼都學的過度干涉，不一定會帶來好的結果[124]，唯有完全不理會身邊人的做法和說法、很果斷的決定教育政策，才不會讓孩子感到不安或無法信賴。

註釋

[120] 參考文獻：Berkowitz T, Schaeffer MW, Maloney EA, Peterson L, Gregor C, Levine SC, Beilock SL, Math at home adds up to achievement in school. Science, 350:196-198, 2015.

[121] 相反的，偶像歌手大部分都是四月前出生的。因為幼年時期體格較為嬌小，所以身邊的人都會說他「好可愛！」，本人或許也會因此而有相同的感覺。

[122] 看到幼兒，馬上就可以知道其父母「有多麼投入教育」，因為他們會認為能早教一些，孩子就能多學會一些。但那單純是為人父母的自我滿足，和真正的「聰明」不一樣。

123 比方說，大家會認為「已經念了書卻考不上」和「因為沒念書而沒考上」，後者比較不應該。

124 大家都知道望子成龍的父母所教養出的孩子，其成就動機比被父母放牛吃草的孩子來得低（參考文獻：McClelland DC. Achieving society. New York, D. Van Nostrand, 1961.）。

Chapter 4

三—四歲

獨立自主，展現自我

四歲前孩子的大腦發育過程

自己可以處理自己的事情之後，
就會出現「想把這件事做得更好」、「這個時候，想這樣做」這種理想的自我形象。
因為擁有了想像力、記憶力和忍耐力，可以想像未來的自己，並以此為目標來行動。

我家孩子的成長

- **有時道歉，有時不道歉** — 三歲1個月 P240
- **女兒生氣地說：「不要稱讚我！」** — 三歲2個月 P243
- **想像力會製造「謊言」** — 三歲3個月 P248
- **能夠輕鬆轉換觀點** — 三歲4個月 P251

一般發展過程

（參照厚生勞動省發行之「母子健康手冊」）

- 記憶所塑造的技能
- 快速旋轉
- 孩子總是在觀察父母
- 為什麼？什麼東西？各種問題都很愛問！
- 以「自己的理想形象」為目標
- 虛榮心是追求理想的動力
- 把理想中的自己轉換成內在人格
- 已經習慣這個世界了

三歲5個月	三歲6個月	三歲7個月	三歲8個月	三歲9個月	三歲10個月	三歲11個月	4歲
P267	P270	P273	P276	P291	P293	P295	P298

- 可以從二至三層樓梯的高度往下跳
- 能夠單腳跳躍
- 可以述說自己的經驗
- 可以看著範本畫出十字
- 很會用剪刀了
- 可以自己穿脫衣服
- 可以一個人尿尿……等等

三歲一個月

有時道歉，有時不道歉

對數字有興趣可提升計算能力

女兒還是很喜歡數字。最近，她已經可以計算在我自創的故事中出現的數字了。比方說，「小熊拿來了五顆毬果，松鼠過來吃掉三顆，現在還剩下幾顆毬果？」我問女兒。「兩個。」她回答。「六」以上的數字她必須用兩隻手的手指來計算，但六以下的數字，她似乎都可以用心算解答。

心思變得複雜了

女兒的心思變得複雜了，偶爾她會掩飾真正的心情。比方說，明知做了不該做的事，卻故意不道歉。打翻食物時，以前她會馬上說「對不起」，若不小心忘了說，只要問她：「這個時候該說什麼？」她就會很老實地道歉。但最近她知道就算不道歉也不會有事，所以就不加理會地繼續吃飯，或者相反過來，想要的東西她不會直接說「想要」……。似乎無法將自己心中的雙面性格控制得很好。

理由之一或許是妹妹出生了。她知道「自己應該表現得像個姊姊」，卻又無法抑制像嬰兒一樣想撒嬌的心情。

她會問可不可以喝妹妹喝剩的牛奶，即使告訴她不行，她還是會笑嘻嘻地把它喝了。就算我說「〇〇（女兒的名字）是小嬰兒嗎？啊，羞羞臉」，她也會一臉欣喜、很害羞地笑說「不是小嬰兒」。

就像這樣，就算我直接了當地跟她說話，她不發自內心跟我對話的頻率越來越多。換句話說，她不單是假裝「回到嬰兒時期」，而是更高一層的想透過「故意試著回到嬰兒時期」，來確認自己是姊姊。

某天，女兒用力拉著天花板上吊下來的布偶，想要跟妹妹玩。但似乎是因為太過用力，吊線斷掉了，那一瞬間，她一臉嚴肅地說「對不起」。弄壞妹妹的玩具，對姊姊來說似乎是大事。那種「不重要的事不道歉也無所謂」的心機消失了，女兒似乎變得老實了。

小故事

我將女兒拿著奶瓶喝剩牛奶那種令人搖頭的身影拍下來，傳給老家的父母。沒想到我母親說「你也喝過妹妹剩下的牛奶喔」。原來不管是誰都做過這件事呢（笑）。

三歲兩個月

女兒生氣地說：「不要稱讚我！」

理解自己以外的世界

女兒的行為變得越來越複雜了。前幾天，她一個人在隔壁房間玩耍，我就去看了一下。聽到我的腳步聲後，女兒很慌張地不玩了，然後說「我什麼都沒做喔！」。這是女兒第一次這樣，她當時似乎在玩釘書機。之所以要把正在玩的東西藏起來，就是因為她知道自己在「做壞事」。

就我來看，釘書機雖然有點危險，但也不至於會因此生氣。不過，女兒倒是開始可以區分「可以被看見的自己」和「不該被看見的自己」這種人前人後的行為，並且分別扮演兩種角色。

就像我之前提到的，對三歲以前的孩子來說，自己看得到的世界非常重要。所以玩捉迷藏時，沒有辦法躲得很好，有些孩子甚至光是在鬼的前面閉上眼睛，就會說「我已經躲好囉」。他們以為只要閉上眼睛看不到鬼，鬼就看不到自己。女兒在不久之前也是只把頭藏起來，露出一整個身體[125]（笑）。

格林童話中的「白雪公主」等故事也一樣，三歲幼兒還無法完全理解故事內容，他們會覺得：「既然有毒，為什麼白雪公主還要把蘋果吃掉呢？」四歲之後，因為可以從白雪公主的角度來看事情，所以會很緊張地想著：「白雪公主不知道蘋果有毒，所以把它吃了！」為白雪公主擔心。

女兒已經進入這樣的心理轉換期，踏入表面話和真心話相互交雜的更深奧的「自己」。

稱讚真困難

這個月還發生了另一件有趣的事。因為女兒畫了圖，我很自然地稱讚她「畫得好棒啊」。結果，她很生氣地說「不要稱讚我」。

這種行為和專業術語中所說的「認知不協調」[126]心理是一樣的。認知不協調簡單來說就是「對自己的思想和現實相互矛盾這件事感受到壓力」。所以，會出現想要消除這種矛盾的心理。

一個很有名的例子是伊索寓言中的「酸葡萄」。狐狸很想吃葡萄，但葡萄長在很高的樹上，用手搆不著，所以狐狸丟下一句「反正那葡萄一定是酸的」，就離開了。換句話說，就是靠著將「我本來就不想吃」這樣的心理轉換成現實，說服自己接受現狀。

認知不協調在教養上是需要小心處理的心理。比方說，喜歡畫畫的孩子之所以想要畫畫，單純就是因為「喜歡」，那股想畫畫的欲望自然地湧現，才會畫畫。

看到這種積極的模樣，父母自然會想要稱讚。但以教育理論來說，這個時候絕對不可以很直接地稱讚。如果一直讚美他們「好棒啊」、「畫得真好」，孩子對畫畫的興趣就會快速減少。

以孩子的角度來說，不斷被讚美，會很無意識地將現況解釋成「說不定不是因為自己喜歡畫畫，而是因為自己想被稱讚才畫」，以消除認知上的不協調。結果，那個孩子就不會再畫畫了[127]。

這種現象在教育心理學上非常有名，不過就算理智上理解，當主角換成自己的孩子時，還是會忍不住讚美他。當女兒說「不要稱讚我！」時，我突然想起這個道理。

看到孩子畫畫時，應該要盡量避免用「好棒啊」、「畫得真好」這樣的話語稱讚孩子的「行為」。話雖如此，如果一言不發地看著孩子專心作畫的模樣，似乎又不太對勁。因此這個時候，只要稱讚他們完成的「作品」就好，比方說「爸爸好喜歡這張畫喔」，這種說法不會直接稱讚孩子的行為，如此就可以完全抑制認知上的不協調。只要對已經完成的畫作發表感想就好，不要提到畫畫這個行為本身。

即使在入學之後，也可以用同樣的方式跟孩子說話。孩子考到好成績時，不要說「你好努力啊」或「我要給你獎賞」，應該說「拿到那麼高的分數很開心吧」、「爸爸也好高興啊」或是「希望下次也可以考這麼好」。

順帶一提，我在大學的研究室看到學生交出很棒的實驗資料時，會盡量避免「努力終於有了成果啊」或「不被挫折打敗、繼續努力，就能拿到好成績」之類的稱讚方法。取而代之的，我會說「這資料很有意思！」、「有了新的發展或假設了」、「如果在學會發表，大家應該會很驚訝」，和學生一起為他們的成果本身感到開心[128]。

小故事

女兒會在唱歌或打招呼時，故意開玩笑的發出奇怪的聲音。托兒所的老師也有點驚訝地說「真會搞笑」。似乎和我小時候有點像（笑）。

註釋

125 也就是所謂「顧頭不顧尾」。兩到三歲的孩子認知「對方觀點」的能力尚未成熟，四歲之後，才能真正懂得玩「捉迷藏」。不過，當我從遠處問「小〇〇，你在哪裡啊？」時，女兒還是會很老實的大聲回答「我在這裡～」，這個時候還是非常天真無邪呢（笑）。

126 參考文獻：Festinger L. *A theory of cognitive dissonance.* Stanford university press, 1962.

127 看到自己那對畫畫失去興趣的孩子，很少有父母會反省「是自己的說話方式不對」，多半會將這件事歸因於孩子身上：「興趣轉移到其他地方了」或是「我家孩子總是三分鐘熱度」。

128 「責備」和「稱讚」是許多父母共同的煩惱。大家可以參考二五五頁之後的內容。

三歲三個月

想像力會製造「謊言」

想像力變得有藝術性

這件事發生在我們全家一起搭飛機的時候。起飛前，女兒很開心地看著飄浮在窗子上方的雲彩。飛機離開陸地、穿過雲層之後，雲朵滿布在眼睛下方。

這時，女兒說：「啊，是雲朵森林！」一般來說，這樣的隱喻表現，只有詩人才說得出來。而且，女兒還說「把雲朵捏成飯糰，用來打雪仗！」她似乎聯想到不管是雲朵、飯糰，還是雪，其共通點都是「白色且輕飄飄的」。這個月，女兒已經可以用這種帶有詩意的表現方法來創作了。

不管是藉口或謊言，都是想像力的作品

因為想像力變好了，女兒也開始找「藉口」了。

這是發生在浴室的事。大女兒將含在口中的水「呸」地噴在妹妹臉上，把妹妹弄哭了。我問她「妳在做什麼？」她說「我在灑水」。於是，我一如往常地問她：「這是好事還是壞事？」在這之前，她都會說「是壞事」。但這次，她卻回答：「因為我想幫她（妹妹）洗臉。」她可能是惡作劇，也可能是想開玩笑。不過我想她應該只是想看到妹妹哭。

站在爸媽的角度，這種差勁的回答顯然只是藉口，但這其實也是想像力的傑作。女兒運用想像力，盡可能在不造成矛盾的情況下，思考出將自己的行為正當化的推托之詞。和前文提到的「用雲朵捏出飯糰來打雪仗」這樣的隱喻一樣，她讓自己脫離現實，進入幻想的世界，以其他的觀點來說明現狀。

能夠說出很複雜的謊言，讓身為父母的我心情非常複雜（笑），然而，仔細一想，大人也不會對第一次見面的人說「你好胖喔！」，一如為了維持禮貌而保持沉默，這種偽善的場面話是所有人踏入社會必經的過程。

小・故・事

女兒在托兒所也要上英文課。前幾天外出時，碰巧有外國人向我們問路，事後女兒帶著尊敬的眼神看著我說：「咦，爸爸會說英文嗎？」為了維持我突然上漲的身價，我決定隱瞞自己的英文其實只能說單字的事實（笑）。

三歲四個月

能夠輕鬆轉換觀點

可以區別「明天」與「後天」了

之前我曾經提到，女兒已經會做簡單的加法（二一二頁）。計算力，也可說是「觀點轉換」的能力。比方說，我問女兒「二往下第三個數字是什麼？」她會回答「五」，這樣的計算過程不能只是把它當作單純的加法。

首先，把觀點放在「二」這個數字上，然後在數線上往前進三格，到達「五」，這是具動力的觀點移動，乃「依序數數」的應用版。

就因為可以自由移動觀點，女兒終於學會了一件事，那就是區別「明天」和「後天」。雖然這些都是表示未來的詞彙，但指的是不一樣的日子。「後天」是「明天的明天」，換句話說，就是把觀點轉移到明天這個時間點，從那邊看到的「明天」就是「後天」。這是能夠自行解放被侷限在「現在」這個時間點的「我」，才能理解的概念。

像這種沒有伴隨身體實際移動的腦內作業，對人類來說具有重要的意義。人類和猴子的最大不同點之一，就是人類有「什麼時候」的概念。比方說，如果問猴子「去年十二月二十四日做了什麼？」牠們並不知道。「時間」這個絕對軸和自己毫無關聯地在外部世界流動，如果不能了解自己是被放在外部的尺度中這個客觀的事實，就無法理解日期。

而要了解日期最重要的第一步，就是知道「明天和後天的區別」。所謂了解「後天」，就是了解把自己放在「明天」時，隔天同樣是「明天」[129]，也就是所謂的「重新返回」的作業之一。

像這樣在觀念性的時空中往來，專業用語稱為「心理時間旅行」（Mental Time Travel）[130]。可以自由進行這種時間旅行是人類的特質之一。

觀點變得更加彈性而柔軟

因為可以進行心理時間旅行，女兒的思考也瞬間變得柔軟。不只是時間，她可以自在進出他人心靈的柔軟性也開始萌芽。

比方說，我在找東西時，她會跟我說：「爸爸，你在找什麼？找面紙嗎？面紙在那邊。」就像這樣，她能夠更準確地了解對方的意圖。也就是說，為了推測「對方到底在做什麼？」她將自己的心放在對方的心中進行腦內作業，站在對方的角度，猜測對方在煩惱什麼事。然後，再提出對對方（而非自己）來說最適當的建議。

有一次，因為女兒要做定期健康檢查，必須把小女兒暫時寄放在保育所。我說到這件事時，她說：「〇〇（妹妹的名字）一個人太可憐了，我要去陪她。」也就是說，她會站在妹妹的立場，投射自己的心情，覺得「妹妹應該會感到孤單」。

這樣的共鳴是過去從沒出現過的，只不過如果妹妹在旁邊，她應該就無法做重要的定期健康檢查了（笑）。

在這種觀點轉換中，最有人性的投射，就是針對自己的投射，這是成長過程中必備的。因為，如此一來，就可以從外部觀察自己，和他人互相比較。比方說，「和別人相比，自己還有哪裡不足」等等。如果不能像這樣觀察自己並有所發現，就很難成長。女兒還無法做到自我評價，不過她確實已經開始踏上成長所需的初期階梯。

・小・故・事・

「昨天明明就說好今天要陪我玩拼圖，爸爸，你忘記了對不對？」我被女兒罵了（笑）。這也是心理時間旅行和長期記憶合作的成果。我完全無法招架（笑）。

註釋

129 嚴格來說，大約六到七歲時，才可以正確理解「明天」和「後天」。對三歲幼兒來說，「以一個白天、一個晚上為週期的生活節奏」這種概念還很模糊，午睡後醒來就以為已經到了「明天」的例子並不罕見。

130 參考文獻：Murray B. What makes mental time travel possible? Monitor Staff, 34:62, 2003.

Column
10

進一步了解！
大人的大腦發育專欄

教養的分歧點：「讚美」與「責備」

人類會把門打開，到外面去。不過，如果光是把門打開，動物園的猴子、家裡養的貓也辦得到。因為把門打開這件事，是只要有需要就可以自發性模仿的行為。然而卻沒有動物可以在到了外面之後，會自動「把門關起來」，因為這個動作是不自然的。

育兒書籍中總強調要「培養孩子的自發性」，但恕我直言，以腦科學來說，只做到這一點不算是完整的教育。因為有些行為可以自然培養，有些則是無法自然培養。把門關起來、把鞋子擺整齊、收拾玩具，這些行為對大腦來說是不自然的行為，無法自發性地形成。想養成這樣的習慣，必須仰賴「教養」[131]。

把玩具從箱子裡拿出來這個行為，可以自發性地完成，因為這是玩耍的必要過程，不用教也會。但是，玩完後的整理，不靠教養就絕對不可能做到。

請大家不要誤會，所謂教養並非「把玩具收起來！」、「不整理就不讓你玩了！」等怒罵。

以專業術語來說，教養可以分類為「強化」和「弱化」兩個方式。

「強化」指的是加強再度採取該行動的意願。

「弱化」指的是降低意願，使其不要再度採取該行動。

育兒書籍中琳琅滿目的「教養方式」，歸根結柢都可以歸類為這兩種方式的其中一種。不管是以強化還是弱化的方式教養，孩子都會以父母的行動和判斷為範本，將之變成自己的一部分。這個過程稱為「人格內化」，也就是讓社會規範和價值觀深植於自己心中。如果能夠讓人格變成內化，發生事情時即使沒有強化或弱化這些外在要素，也可以根據自己的規範來採取行動。

養育子女的最終目標，就是帶領子女，讓他們「不用仰賴他人的指示，也能適切行動」。因為這個想法是貫穿本書的核心，所以我會不斷重複。「就算父母不在，也可以一個人生活得很好」正是教育的神髓。對父母而言，子女獨立就某種意義來說，自己會覺得很孤單，這種不再被需要的感覺也很痛苦。但是，正常來說，子女會活得比父母久，這是生物的命運，因此，透過教養來幫助子女「人格內化」，才是教育的基礎。

該讚美，還是要責備？

大家覺得「讚美」和「責備」哪個方法比較好呢？

首先，讓我們針對責備的案例來思考。有一個實驗將父母分成兩組，讓他們想辦法阻止孩子玩電玩。其中一組會斥責正在玩的孩子：「快去念書！」另一組父母則採取溫柔勸說：「是不是該開始念書了？」最後再問孩子：「那電玩到底有多好玩？」被責罵的孩子回答「非常好玩」，而被溫柔規勸的孩子則是回答「不是太好玩」。

我們可以將這種情形解釋為「認知不協調」（參照二四四頁）。被責罵的孩子「雖然很想玩，但不得不停止」，因為是強制性的被迫結束，因此不會發生認知不協調。「不玩了」單純只是因為情況不允許，也就是說，他們對電玩的強烈興趣並沒有改變。

另一方面，因為被溫柔勸導而不玩，則是「說不定還可以繼續玩，但自己選擇停下來」。亦即「明明還想玩，卻不玩了」這種心情和行動的不一致，造成了認知不協調。這麼一來，「停止玩遊戲」這個自己的決定，就必須從自己的內心來解釋。而最有說服力的解釋就是「其實那個遊戲並沒有那麼好玩」、「所以自己決定不玩了」。事實上，實驗證明如果父母可以很有耐心地持續用這種溫柔勸導的方法來處理，孩子總有一天會對電玩失去興趣。

就像這樣，盡量避免嚴厲斥責，同時有耐心地予以教養才是理想的教育（當然，很多時候，養育子女並沒有那麼簡單……）。

關於責罵與稱讚的平衡，我從在研究室做的老鼠調教實驗中也得到一些啟示。想讓老鼠記住路徑時，常常會使用飼料。這是「做到了就稱讚」的訓練法。相反的，也可以給予貓的味道和電擊等「懲罰」，這就相當於「沒做到就責罵」。除此之外還有一個方法，那就是「做到了就給獎賞，做不到就處罰」這種融合胡蘿蔔與鞭子的組合。

換句話說，為了讓老鼠學習，有以下三種調教方式：

1 只有報酬（稱讚）

2 只有處罰（責罵）

3 融合報酬和處罰

這三種調教方式中，最能讓老鼠快速學會的是哪一種？

對平常一直在做這個實驗的我來說，絕對不會答錯答案，老鼠的成績依序是1＞3＞2。光是讚美的指導方法效果最好，絕對不能責罵。一旦加以責罵，想完成任務的動力本身也會減少，結果就是達成率下降[132]。

讚美的好處和壞處

對動物來說，沒有報酬幾乎無法學習。所以，以獎賞做為鼓勵的這種訓練方式，就生物學來說是合理的。

但是，這是動物的學習方式。以人類來說，如果都以實際物品作為報酬來鼓勵，應該會有問題。如果只是「因為有拿到小費，才幫忙」、「因為有買玩具給我，才努力念書」，那人類就太悲哀了（這確實是最有效的方法，我並不否定可以積極利用這個方法）。

對人類來說，報酬不只是眼睛可見之物。「如果媽媽開心，我也會很高興」或「動手整理之後，房間會變乾淨，心情也會變好」等心理性報酬的效果強度和實質報酬相當。因此，我認為只要是可以靠著心理性報酬達到的，就應該做。不過，能不能出現效果，就要看父母的稱讚方式了。

透過稱讚來進行「人格內化」這個過程有三個階段。那就是外發性強化、代理強化、自我強化。

1「外發性強化」即直接讚美，是最簡單的一種。被稱讚的孩子會很開心，然後重複做同樣的事，這便是「受肯定行動」的內化。越是在年幼的孩子身上，就越容易看見成效。

2「代理強化」是基於看到朋友或兄弟姊妹等身邊的人被稱讚而產生的。也就是說，透過勾起「因為我也想被稱讚，所以加以模仿」這種心理，讓孩子觀察學習。雖然不是直接被讚美，但對成熟到某種程度的孩子來說，光是這樣，就足以構成人格內化了[133]。

3「自我強化」是「自己稱讚自己」。就算沒有他人的稱讚，只要出現好的行為，自己就會稱讚自己，結果，受歡迎的行為就會不斷增加。

基本上是以1↓2↓3的順序來成長。所以，必須仔細觀察自己的孩子目前處於哪個階段。「整理這件事，是階段1」或是「把鞋子擺整齊這件事是階段2」等等，必須依照孩子每個行為的階段，仔細調整和他說話的方式和應對方法。

基本上，我贊成採取「稱讚」的方法。不過，稱讚真的非常困難，因為會有認知不協調的情形。就像我之前提到的，對著經常畫畫的孩子稱讚他「畫得好棒啊」、「了不起」，並不值得鼓勵。

畫畫的孩子是因為自己想畫才畫，這稱為「內在動機」[134]。不是因為稱讚或名聲等外在理由，而是打從自己內心湧現「熱誠」的狀態。內在動機是沒有根據的，喜歡是沒有理由的。

然而，身邊的大人還是會忍不住稱讚孩子。結果自己行為的意義發生變化，不是「因為喜歡畫畫」，而是「想要被稱讚才畫」。

如果單純只是為了想被稱讚，做其他的事也可以。因此，孩子不再選擇「畫畫」這個方法。這是很可惜的事，因為他們好不容易有了興趣。

因為想稱讚而稱讚，想責罵而責罵，這純粹是父母的我行我素。但人類具備高度認知，所以稱讚並不會那麼輕易就有效。

不過，光是在這裡談論這些理想的教育理論，讀者或許會覺得自己不可能用那麼細膩的方法教育子女。事實上，我所做的，距離理想也非常遙遠，但至少要提醒自己「用笑容面對孩子」。

比方說，因為孩子不整理而苦惱時，生氣怒吼「為什麼不整理！」或是「不整理就不給你玩了」只會得到反效果。建議大家可以試著壓抑情緒，自己先帶著笑容開心地收拾，光是這麼做，孩子就會靠過來，想著「你在做什麼，怎麼這麼開心？」。這麼一來，事情就容易解決了。只要說「要不要一起來啊？」就可以了。

不管是玩耍還是家事，只要父母可以開心地做，孩子自然會產生興趣，想要模仿。用這種方法，完全不用責罵，孩子自然就會開始整理，也就是說，他們的人格內化已經成立。在我家，我也嘗試了相同的方式，孩子玩耍後確實就會自動開始收拾。

為了讓孩子可以自發性行動，很重要的一點是要盡量採取肯定的說話方式，避免否定。比方說「不收玩具，以後就不可以玩了」，這句話中有兩個「不」這個否定字眼，用這種說法，孩子不會認同。這個時候，應該改成「把玩具收一收，下次再玩」這種肯定式的說法。不要說「不刷牙不能睡覺」，而要說「刷牙後就可以睡覺囉」。喜歡畫畫的女兒告訴我「我還想再畫一頁」時，我會回答她「再畫一頁就收起來囉」。如果做父母的可以很有耐心地持續用這種方法溝通，孩子也會接受這種溫和的表達方式。

謹慎斟酌措辭和語氣的目的，在於打造「忍耐並不是壞事」這種氣氛。每個人都討厭被否定，重要的是靠著盡量使用肯定式的說法，透過當事者的自制力，帶領孩子「積極忍耐」。

孩子對父母的話相當敏感，情緒化的言論稱不上教育。父母必須一一仔細思考「現在這種說話方式好嗎」。讓孩子反省時，大人自己也必須反省。

比方說，孩子沒有遵守約定時，我不會不分青紅皂白的責罵，取而代之的，我會耐心詢問理由：「為什麼沒有刷牙就睡覺了？」、「為什麼你又在畫圖了？」孩子不守約定時，大人很容易會用否定的語句加以斥責，但不管發生什麼狀況，肯定句都比否定句來得有魅力。

人的性格也是一樣的道理。能自我肯定的人一定比老是自我否定的人還有魅力。與其用負面的言論貶低自己，還不如用正面的話語鼓舞自己。希望我的孩子以後也可以成為能夠肯定自我的人。

全盤否定孩子的一切這種「虐待」是不允許的

在這個專欄的最後，我想跟大家聊一聊「虐待」。虐待這個字眼，經常出現在社會新聞中，每次聽到這類新聞報導時，我就會非常痛心。

之所以會這麼殘忍地對待孩子，有可能是父母的道德感或精神狀態出現問題，也有可能是父母再也無法忍受孩子有「障礙」這種現實狀況。就算不是習慣性虐待，也有少數父母會因為生活壓力太大，結果對自己的孩子動手。養育子女時，理想和現實之間的左右為難，會為父母帶來超乎想像的痛苦，所以即使出現和平常截然不同的自己，也並非那麼不可思議。

不過，希望大家了解，虐待子女的父母同時也在虐待自己。因為「被虐待的孩子反而會對養育者釋出善意」。學齡前的幼兒會完全信賴養育者，無條件地對父母表示善意，即使被虐待，也很少有孩子會討厭父母。不只如此，一般來說，通常會對虐待者表現出更多善意。因為這種經驗的影響非常強烈，被虐待的幼兒長大成人後，有時也會繼續喜歡虐待者的特徵（比方說體臭等）。

為什麼呢？是因為他們很渴望在童年沒有辦法享受到的溫暖情感嗎？當然不是，這並非基於仰慕心理的補償，事實上，這是在進化過程中所孕育出的動物本能。這種現象稱為「創傷羈絆」（Traumatic Bonding），是內建在包括人類在內的所有哺乳類動物的自動程式[135]。

哺乳類動物的子女很脆弱，必須依賴養育者才能生存，一旦被父母拋棄，就只有死路一條。所以，為了讓父母喜歡，他們會思考許多戰略。毫無例外的，動物的子女之所以會出現可愛的樣貌，便是為了引起父母興趣的一種策略。

創傷羈絆也是基於同樣的原理。當幼兒察覺父母可能會棄自己不顧時，為了想辦法盡量不被遺棄，他們會積極對養育者表示愛意。這個自動程式還殘存在人類大腦中，證明了這種生存戰略確實能夠在自然淘汰的過程中創造優勢。

創傷羈絆會讓施虐的父母難以發現自己的過失，因為孩子不僅不會逃避他們，還會滿臉笑容地靠近。但是，被虐待的孩子卻可能會留下罹患憂鬱症等嚴重後遺症[136]。虐待的代價真的非常巨大。

順帶一提，目前，「受到虐待的孩子將來也會成為施虐的父母」這個虐待家庭間的連鎖反應，在統計學上已經被否定了[137]。這個錯誤的論調由社會歧視造成，請大家要避免這種妄下結論的猜測，不要以成見判斷他人。

註釋

131 「躾」在日文中為「家教」之意，這是一個由日本人創造出的漢字。關於這個字的來源有各種說法，現在被轉用來表示孩子的教育，指的是「教導禮儀和規矩」。領導孩子，讓他們在社會上不會做出丟臉的事，就是「躾」。

132 當然，我在需要責罵的時候也會加以責備。但重點是要有好的責罵方式。比方說，責罵的時候，一定要讓孩子有台階可以下。因為太過激動而把孩子逼得無路可走很不恰當，請務必避免。此外，也要小心避免夫妻兩人同時責罵孩子。同時被雙親責罵，會讓孩子進退兩難。心智尚未成熟的幼兒，還無法處理這種緊張狀態。不管在什麼情況下，父母其中一方應該要陪著孩子，扮演他們的心靈依歸。

133 就算自己沒有經歷過，也可以把他人或先人的經驗當作自己的經驗加以吸收，適切應對，這就是「智慧」的重要元素。

134 參考文獻：Ryan RM. Deci EL. Intrinsic and Extrinsic Motivations: Classic Definitions and New Directions. Contemporary educational psychology, 25:54-67, 2000.

135 參考文獻：Rincon-Cortes M, Barr GA, Mouly AM, Shionoya K, Nunez BS, Sullivan RM. Enduring good memories of infant trauma: rescue of adult neurobehavioral deficits via amygdala serotonin and corticosterone interaction. Proc Natl Acad Sci U S A, 112:881-886, 2015.

⑬⑥ 參考文獻‥Pollak SD. Mechanisms linking early experience and the emergence of emotions: Illustrations from the study of maltreated children. Curr Dir Psychol Sci 17:370-375, 2008.

⑬⑦ 參考文獻‥Widom CS, Czaja SJ, DuMont KA. Intergenerational transmission of child abuse and neglect: real or detection bias? Science, 347:1480-1485, 2015.

三歲五個月

記憶所塑造的技能

女兒告訴我她夢到了什麼！

早上女兒起床時告訴我她做了夢，並告訴我她夢到什麼。過去她從來沒有告訴我她做了夢，這次是頭一回。

為什麼我們會知道睡覺時看到的是夢呢？相對的，又要如何證明現在看到的現實不是夢？

研究大腦活動後發現，真的看到小狗時，大腦出現的相應活動，和在夢中看到小狗時一樣[138]。不管是在夢中或是現實中，大腦的活動幾乎都一樣。也就是說，我們很難以大腦如何活動來區隔夢和現實的差異。也因此，人類很理所當然的認為「那是夢」，這是非常不可思議的事。

即使如此，女兒還是來告訴我她做了什麼樣的夢。我很認真地聽她告訴我夢的內容，沒有質問她「妳如何從腦科學的角度證明那是夢」（笑）。她似乎好不容易開始可以根據自己過去的記憶和經驗，區分夢境和現實。現實的經驗可以和當時也在現場的人共享記憶，但我們無法和在夢中登場的人物擁有共同的記憶。換句話說，女兒來跟我報告她夢到了什麼，是基於「爸爸不知道我在夢中經歷的事」這種觀點移動。之所以知道夢境中的一切只是一場夢，乃是因為人類是可以知道自己的**社會性**的動物。這也是很有趣的發現。

會因為「改變」而難過

我們因故需要搬家。大約一個月前，女兒也要從公立幼稚園，轉學到方便從新家前往的托兒所。我們一如往常地出門到車站去，途中，女兒看到穿著之前上的幼稚園制服的孩子。那個時候，女兒哭著跟我說「〇〇（女兒的名字）也想去那個幼稚園」。

雖然她只在這個幼稚園上了三個月，但已經有了關於這個幼稚園的朋友和老師的記憶。而且，她也清楚知道「自己以後再也不會上這個幼稚園了」。我想她是因為這個原因才哭。轉園對父母來說也很痛苦啊。

小故事

我開始和女兒一起玩「世界國旗紙牌1．2」。國旗有九十五種，但女兒一下就記住了。我只贏過一次，這應該是年齡的差距造成的吧（汗）。

註釋

138 參考文獻：Horikawa, T, Tamaki, M, Miyawaki, Y, Kamitani, Y. Neural decoding of visual imagery during sleep. Science, 340:639-642, 2013.

三歲六個月

快速旋轉

在大腦中快速旋轉

現在，女兒已經可以在大腦中換個角度來思考事情了。比方說，吃飯的時候，她會把筷子左右反過來，拿給坐在餐桌對面的我。「為什麼要反過來拿給我？」我問她。「因為爸爸用右手拿筷子啊。」女兒回答。在女兒大腦中，她知道坐在對面的人左右跟自己相反。這樣的思考，就是之前講過的「心像旋轉」的應用實例（參照一三二頁）。

可以在大腦中轉換角度之後，玩耍方式也變多了。比方說，我問她：「把『貓熊』倒過來念會變成什麼？」就算不寫在紙上，只要在大腦中快速迴轉，女兒就可以答出「熊貓」[139]。不過，字數變多時似乎就會突然變得很難，四個字的詞彙已經是極限了。

除此之外，最近，女兒已經會用鋼琴彈出「〈青蛙之歌〉和〈一閃一閃亮晶晶〉等簡單旋律了，雖然只用一根手指（笑）。事實上，這也和心像旋轉有關。就像知道音階要用「高」、「低」來表現，女兒知道在大腦中是一個立體空間[140]。「Do Re Mi Fa Sol La Si」這個音列的下一個音又會回到一開始，但第一個Do是不一樣的。音階是甜甜圈狀的圓形圈圈，可以像螺旋階梯一樣不斷循環而上[141]。也就是說，因為可以在大腦中旋轉移動被安置在立體空間的音，才能彈鋼琴。順帶一提，音癡很不擅長心像旋轉[142]。

我已經是姊姊了嗎？

前幾天，女兒用筷子夾著豆腐說：「爸爸，你看、你看！」她已經學會控制力道，可以夾住豆腐但不會弄碎。

這件事中，很重要的一點是她說著「你看、你看」，希望別人注意她。她知道自己之前「沒有辦法用筷子夾豆腐」，但因為認知到自己「現在已經變成可以做到這件事的姊姊了」，所以會想要表現給別人看。看到這樣的成長，做父母的當然非常高興，但最重要的是本人覺得很開心。

小故事

現在，女兒每天都要我陪她玩「國旗紙牌」。她想同時擔任讀牌者和取牌者兩個角色。最近，她已經學會故意用我聽不到的極小音量讀牌、同時取牌這種「伎倆」了（汗）。

註釋

139 理解語言的構造和含意，並加以運用的能力稱為「後設語言能力」。接龍、顛倒語詞、諧音字都是後設語言能力初期的展現。

140 參考文獻：Tymoczko D. The geometry of musical chords. Science, 313:72-74, 2006. 請參閱一三二頁的詳細說明。

141 參考文獻：Zatorre RJ, Krumhansl, CL. Mental models and musical minds. Science, 298:2138-2139, 2002.

142 參考文獻：Douglas, KM, Bilkey, DK. Amusia is associated with deficits in spatial processing. Nat Neurosci, 10:915-921, 2007.

三歲七個月

孩子總是在觀察父母

女兒是偵探？

這個月，女兒的抽象思考能力又更上一層樓了，能夠歸納規則便是其中之一。

比方說，最近我帶小狗去散步時經常穿某一雙鞋。女兒看到爸爸前天穿這雙鞋去散步，昨天也穿這雙鞋去散步。於是，今天在玄關，她問我：「跟球球散步，這雙鞋對吧？」

女兒已經了解「有一就有二、有二就有三」這種傾向和規則了。這證明了女兒已經能夠更有彈性的執行我在她一歲兩個月時（九十五頁）寫到的「貝氏定理」。

了解爸爸的辛苦

女兒更能了解他人的心情了。

比方說，看到電視上有人跌倒了，她會皺起眉頭，露出痛苦的表情。妹妹一個人睡覺時，她也會說「好可憐喔，我陪妳」，然後陪妹妹睡覺。

前幾天，妻子外出工作，需要在外過夜，所以我必須獨自照顧兩個女兒。首先，我在臥房哄比較早就睏了的妹妹睡覺，讓大女兒在客廳畫畫等我。可是，哄妹妹睡覺花的時間長得超出預期。我開始擔心，女兒應該已經畫煩了，開始在牆壁或沙發上亂塗，客廳現在可能變得一團亂……。

結果，「我想睡覺了。」說著，女兒自己跑到臥室來。

「要一起睡嗎？」「好。」「那妳要去刷牙喔。」我提醒她。「已經刷過了。」女兒說。她現在已經會自己主動完成之前只要爸媽不說她就不做的事，讓我非常驚訝。

好不容易兩個女兒都睡著之後，我躡手躡腳地回到客廳，發現牆壁和沙發上並沒有我本來擔心會有的塗鴉，桌上擺著塗得很好的著色畫，著色畫的圖案旁邊還多畫了四個人。

因為上面用平假名寫上了名字，所以我馬上就知道了。這張圖畫的是我們一家四口和樂融融的情景。

小故事

這是我們家變成四個人之後，我第一次在晚上獨自照顧女兒。或許是女兒體貼我的手忙腳亂，若真是如此，她應該又更能理解別人的心情了。

三歲八個月

為什麼？什麼東西？各種問題都很愛問！

先出招，必勝?!

女兒已經懂得各式各樣的規則了，她開始可以依照規則來享受包括猜拳在內的各種遊戲。同時，她也自己想出只要「慢出」就會贏的反規則技巧（笑）。

或許是因為女兒已經開始了解事物的規則，最近，她突然變得懂事了。

這是前幾天發生的事。在我家有一條「吃飯時不開電視」的規則，但因為早上想看一下新聞，我在吃飯時打開了電視，結果女兒說：「電視打開後，〇〇（女兒的名字）也會看，關掉吧。」自制力越來越強。

這是因為她知道「電視打開之後自己也會開始看」，而採取的對策。為什麼「看電視」對女兒來說是問題呢，那是因為「只要一開始看電視，就算上幼稚園的時間到了，自己還是會拖拖拉拉」↓「媽媽會催促自己『快一點』」↓「因為不想被催，所以一開始就不要把電視打開」……簡單來說，自己先應變，以免被媽媽罵。這也是了解事物的規則、能夠依序思考，才能想到的預防對策。

進入「為什麼？什麼東西？」時期

女兒抓著我們問「為什麼？什麼東西？」的頻率越來越高。但是，有時真的很難回答。

比方說，「今天禮拜幾？」女兒問。當我回答「禮拜二」之後，女兒又會問「為什麼？」她要問的是「為什麼今天是禮拜二」。嗯~這很難回答吧（笑）？但不管有多麻煩，面對女兒的提問，我都會盡量認真回答，不會敷衍了事。「為什麼爸爸的手比我的大？」「為什麼球球是狗？」「為什麼草莓是紅色的？」「為什麼橘子的兩個和蘋果的兩個，都是兩？」……在那之後，女兒只要一看到我，就會展開「恐怖發問」（笑）。

我最近才知道，女兒上的幼稚園也會教他們加減法和英文字母。我有點懷疑，試著考考女兒，發現她不管是兩位數的加法或減法都會算，而且不管是加法或減法的借位都沒問題。

雖然我覺得女兒成長得很快，但心情又有些複雜。的確，透過早期學習，親子之間可以進一步交流，父母開心，孩子也高興，可以鼓勵孩子多加學習的相互交流，絕對不是壞事，這也是一種親子相處的形式。

另一方面，我也會想，這個年齡已經必須開始學習了嗎？這些事上了小學之後總有一天會學。當然，並不是說這些事不該懂，但我認為在幼兒期，與其吸收知識，更重要的是好好培養自制力、好奇心和理解力。也就是說，打造將來可以順利吸收知識並加以適當活用的基礎。

順帶一提，女兒雖然會計算，可以靠著機械式的符號操作答出正確「答案」，但她似乎並不理解計算本身的意義。如果這也算一種技能，那我真的非常驚訝，但會不會哪一天她跑來問我：「這個計算有什麼意義呢？」、「為什麼？」。

小故事

到去年為止，女兒不乖時，只要我說：「我要打電話給聖誕老公公，叫他聖誕節不用來了。」她就會乖乖聽話。

今年我也繼續用這個「聖誕法」，假裝要用手打電話給聖誕老公公，結果，女兒笑著說：「用手做成的電話，沒有辦法跟聖誕老公公講話喔。」我輸了（笑）。可是，結果女兒還是乖乖聽話了。聖誕老公公真是太厲害了。

Column 11

進一步了解！

大人的大腦發育專欄

大腦的驚人學習

請想像地上有一條呈直線延伸的道路，你就站在路中央。走得越遠，道路就越窄，最後，和地平線交錯，感覺相當雄偉壯闊。

這種我們覺得相當理所當然的景象變化，事實上沒有那麼理所當然。因為幼年期失明的人，透過手術第一次感受到光的時候，會因為「遠方看起來比較小」而感到驚訝。延伸到地平線那頭的道路透視感，對第一次看到的人來說，只是一個「三角形」，和東京鐵塔與富士山一樣的三角形，無法區分遠近與高低（左頁圖1）。奇妙的是，並不是那個人的感受方法很特別，真正異常的是我們。

請大家冷靜思考一下。這個世界是三次元的立體世界，不過，很可惜的，我們的視網膜只有二次元。眼睛看到的光透過鏡頭映照在視網膜上，那個影像就像照片一樣單薄，欠缺景深的訊息。大腦必須將這個不完整的二次元情報復原成三次元，透過過去的經驗來解讀看到的東西是「上 v.s. 下」還是「遠 v.s. 近」。

曾經有以下這個實驗。讓貓在看不到的黑暗空間中自由活動，但在明亮的白天，就將牠們的身體加以固定，不讓其在房間中活動。然後，在某一天，將在成長過程中沒有任何「視覺經驗」的貓放到明亮的房間，讓牠自由活動，結果發現貓的空間認知出現異常，牠們會撞到東西，也無法順利用前腳勾取東西。當然，貓的眼睛是正常的，腦細胞也會感受到光線，卻無法看到。

這是因為缺乏「接近就會變大」、「近的東西在視野內的移動時會比遠方的東西來得大」等經驗。如果未曾感受在環境中到處移動的感覺，就無法正確解釋視網膜的二次元影像。換句話說，並不是因為看得見所以能夠「移動」，而是因為移動，所以「看得見」。

接受適當的視覺經驗在嬰幼兒期是必需的。大

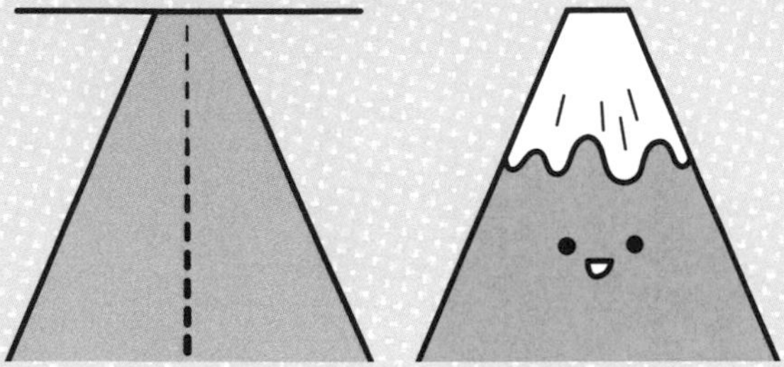

圖 1　在視網膜上，兩者都是「三角形」

圖 2　赫爾德博士的實驗

家都知道，語言[143]和絕對音感等幾個能力一旦錯過特定的感受期就會難以習得，而能夠學習「看」的時期尤其短。

但並不是說只要有在空間中移動的視覺經驗就夠了。布蘭戴斯大學（Brandeis University）的理查．赫爾德（Richard Held）博士等人做過一個很有名的研究。如圖 2，研究者在像旋轉木馬的槓桿上將兩隻貓以吊棒加以連結，並以圓柱支撐棒子。第一隻貓可以用自己的腳走路、在空間中移動，另一隻貓則坐在吊籃中，隨著第一隻貓的動作，被動地在空間中移動。兩隻貓所經歷的視覺刺激是相同的。但是，在吊籃中長大的貓並沒有「視覺能力」，因為被動的視覺刺激並沒有「視覺經驗」的效果。以自己的手腳積極地在環境中移動所得到的視覺經驗，才能形成視覺能力。

回到人類的話題。嬰兒的積極「移動」從睡覺時翻身開始。翻身時身體會滾動，看到的景象也會呈現上下顛倒的模樣。接著，嬰兒會開始學爬。透過爬行，移動範圍會大幅擴大，視覺經驗也瞬間變得豐富。很快的，他們就會用兩腳站立了。不只前後左右，視覺經驗也會透過上下的視點移動而增加。往地平線延伸的道路透視感，就是因為我們這樣使用自己的手腳慢慢成長，而感受到的「立體感」。這是一個單純的平面三角形所釋放的雄偉信念光環。

可以分辨「嗶嗶嗶訊號」的大腦奇蹟

這個世界的視覺話題實在相當深奧，讓我們繼續探究。

請想像，當自己變成「大腦」這個器官，會變成什麼樣呢。大腦，是產生智能的最高樞紐。一旦變成大腦，想必就可以磨練知性、變成伶俐的天才。但是，大腦的真實樣貌和這個想像截然不同。

首先，不能忘記的是「大腦存在於頭蓋骨中」這個事實，也就是說，大腦位在暗室之中。我們必須知道，大腦是一個與外界隔絕的孤獨個體，與外界的接觸主要來自身體的感覺輸入與對身體的運動輸出。換句話說，大腦只是間接性地與外部連結。

對身體訊息的輸入與輸出，以通過神經纖維的電流（電流脈衝）為媒介。這個電

圖3　這張抽象畫是什麼？是外星人的樂譜嗎？

流會呈現一種0與1的數位形式，稱為尖峰電位（Spike）。我們「看到」或「聽到」的，都是數位信號，這件事很重要，光和聲音並不會直接傳達到大腦，光或聲音等物理資訊會在視網膜或內耳轉換成數位信號，而這電流會變成「嗶嗶、嗶嗶」的摩斯信號[144]，傳到大腦中。視覺、聽覺、味覺、觸覺等所有身體感覺，在進入大腦時，都是轉換成數位訊號的「嗶嗶嗶信號」。那麼，大腦又會如何解讀這排山倒海而來的嗶嗶嗶訊號呢？

請大家再次把自己想像成大腦，你被關在頭蓋骨這個暗室中。現在，用手觸摸的感覺轉換成嗶嗶嗶的信號進入大腦，這個時候，你如何知道這嗶嗶嗶信號不是視覺而是觸覺，而且不是足部而是手部的觸覺？你無法到頭蓋骨外面確認嗶嗶嗶信號的來源，你自始至終都被關在大腦裡面，只能從傳到那裡的嗶嗶嗶信號解讀一切（圖3）。可以想像這是令人絕望的工作。

大腦會不斷收到大量來自全身的嗶嗶嗶信號。我們可以將這些嗶嗶嗶信號幾乎絲毫無誤的一一解讀。對已經成為大人的我們來說，能夠感知外界環境是理所當然的，但事實上，這可說是奇蹟。

嬰兒的大腦透過自身經驗，藉由嗶嗶嗶信號拚命了解世界的模樣。比方說，大家經常說「新生兒的眼睛還無法看到東西」，嚴格來說，他們的眼睛是看得到的，或許會有些失焦，但視網膜接受到的光線會轉換成嗶嗶嗶信號，確實傳達到大腦。但是，這個時候大腦的經驗還不夠。嬰兒沒有發現這些嗶嗶嗶信號就是來自眼睛的視覺情報。雖然看得見，但「視覺經驗」卻不存在。

相反的，世界的模樣應該要這樣解釋．並不是「先有世界，然後大腦被動感受到這個世界」，而是透過積極解釋嗶嗶嗶的摩斯信號，「在大腦內部重新打造這個世界的模樣」。嬰兒學習的是讓這個世界「復原」的作業，他們必須拚命學習。

那麼，我再問大家一個問題。請大家看著你的右手，然後想一下「這是你的右手嗎？」這時，我想大家一定會認為這個問題很蠢。但是，請大家再仔細想一想，你為什麼知道那隻手是「自己身體的一部分」呢？

現在看得到的右手，在視網膜轉換成嗶嗶嗶信號，傳送到大腦，在大腦被重新打造成看得見的「手」。現在眼前書本的文字在大腦內也同樣是嗶嗶嗶信號。但是，為什麼

圖 4　柯林茲博士的實驗

只有手的嗶嗶嗶會產生「擁有感」？

華盛頓大學的柯林茲博士等人的實驗就是很好的例子。他們請受測者看著放置於一旁的模型手，這時可以看到有個自動裝置砰砰地輕輕敲著那隻模型手（圖4）。當搭配敲打的時間點，針對受測者大腦的體感覺皮質嗶嗶嗶地加以人工刺激時，受測者會覺得那隻模型手就像「自己的手」一樣，出現一種很鮮明的「擁有感」。這種感覺在開始刺激之後六秒內就會出現。

事實上，身體感覺並不是很明確的東西。光是讓模型手被敲打的「視覺經驗」的嗶嗶嗶信號，與對大腦所做的人工嗶嗶嗶刺激同步，看得見的假手就會轉化成屬於身體一部分的「實際感受」。身體感覺確實是非常脆弱的。

嬰兒所學習的和這個過程十分類似。小嬰

兒還不知道自己的身體長什麼樣子，有兩隻手臂、十隻手指……這些是從大人角度來看的知識。嬰兒的大腦會在他們誕生於這個世界之後，透過傳送到大腦的嗶嗶嗶信號的「同步性」，來學習身體的形狀。

我們的世界是透過「學習」嗶嗶嗶信號打造而成的

從傳送到大腦的大量嗶嗶嗶信號中，選擇應該有關連的訊息，再賦予意義，這就是大腦真正的「學習」過程。

就算幫耳朵聽不到或聽不清楚的人裝上人工電子耳，也會出現類似的現象。人工電子耳是藉由麥克風搜集外部聲音，將之轉換成機械的刺激模式，嗶嗶嗶地針對耳蝸[145]神經細胞進行電流刺激的小型裝置。

透過手術將人工電子耳埋進耳朵，剛開始，周圍的聲音聽起來就像機器人發出的電子音那樣，感覺非常奇怪。不止如此，因為人工電子耳將麥克風搜集到的聲音轉換成電流也需要時間，所以和視覺會有奇妙的時間差。接受手術的人說，那種感覺很不自然，很難接受這就是「聲音」。

但是，如果持續戴著，最後就會出現一體感，那電子音感覺就像自然的聲音一樣。

快一點的話，手術後一個月內就會習慣，可以分辨出是誰的聲音，也可以透過電話來對話。總有一天，這些人工製造的嗶嗶嗶信號聽起來就會像「自然的聲音」一樣。即使是靠著人工的嗶嗶嗶信號，大腦也可以將世界還原。

真的是非常不可思議。我們現在所感受到的這個世界，到底是什麼呢？腦內信號的真實樣貌明明只是嗶嗶嗶信號，為什麼這個世界會這麼多采多姿？

歸根結柢，這個問題會連結到下一個疑問：大腦描繪出的「世界樣貌」跟「現實世界」有多大差距？

我們面臨的問題，就像是解讀從宇宙盡頭傳來的樂譜，重現外星人的音樂。地球人不知道外星人用什麼樂器，甚至連他們是否使用Do Re Mi Fa Sol La Si的音階來演奏音樂也不知道。樂譜，只是一連串抽象符號。如何將樂譜正確復原為音樂就是我們大腦在做的事。

不，正確的說，把大腦的嗶嗶嗶信號比喻成外星人的樂譜並不正確。因為我們甚至不知道那是不是「樂譜」。

自我們出生以來，大腦認識的情報就只有嗶嗶嗶信號。我們完全沒有感受過嗶嗶嗶之外的信號。嗶嗶嗶世界是人類的一切，所以，將嗶嗶嗶世界以外的現實世界設定為大腦外部是沒有意義的，因為那是連存在與否都無法確認的世界。

這就好像擅自以為從宇宙傳來的信號就是外星人的樂譜、而且這份樂譜一定有它原本的音樂這個假設，也是毫無根據的。

同樣的，認為大腦的嗶嗶嗶信號傳遞著「現實世界」的資訊這個假設是很粗糙的。一如「外星人的音樂」不過是假設，對大腦來說，「現實世界」也只是假設，是所謂的幻覺。對大腦來說，唯一可以確認的是，「我」只是在由嗶嗶嗶交織而成的大海中漂浮的存在。那是沒有意義的抽象世界，不，是個連意義這個概念也無效、只有嗶嗶嗶的單純世界。

嗯，真是傷腦筋。我們真切感受到的「這個世界」到底是什麼呢？大腦是思想犯，為了不讓幻覺感覺像是幻覺，它成了在我們面前巧妙演出的詐欺犯。然後，在內心某處我們雖然知道那不過是幻覺，卻刻意不去懷疑，完全沉浸在「這個世界」的虛構中，盡情享受人生。

看著嬰兒大腦不斷學習的模樣，我突然再度認知到這個理所當然，但平常很容易忘記的事。

大腦真的是很厲害。

143 比方說，若是在日文環境成長，區分「L」和「R」兩字發音的能力，在出生十至十二個月之後就會減少（參考文獻：Kuhl PK. Early Language Learning and Literacy: Neuroscience Implications for Education. Mind Brain Educ 5:128-142, 2011.）。

144 將不同長度的符號加以組合，來表達文字或數字的信號，在二十世紀前半的電報等文字通訊或船舶通訊中被大量使用。

145 像蝸牛一樣捲成漩渦狀的內耳器官，聲音訊號會在這裡轉換成神經數位信號。

三歲九個月

以「自己的理想形象」為目標

因為那裡有「理想」

前幾天，我的手被愛犬球球輕輕咬了一下，受了一點小傷。看到這幅景象的女兒問我：「還好嗎？」然後就走出房間了。因為她過了一會兒還沒回來，我正想她到底在做什麼，結果她找來了ＯＫ繃，很細心地幫我把膠帶內側的貼條撕掉才交給我。這樣複雜的照顧方式過去很少看到，她「猜測」被小狗咬到的爸爸手一定很痛，所以拿治療用的ＯＫ繃來「加以對應」。女兒透過「他人的心理」，進行多層次「預測和對應」的能力似乎又更進步了。

關於這點，女兒還有一個很大的進步，那就是可以指出我的錯字和漏字。看了我寫的文章，她竟然會跟我說：「爸爸，這裡少了一個『的』。」這是因為在女兒大腦中有她認為是「理想」的正確文章，可以藉以對照。

和幫我拿ＯＫ繃來一樣，女兒在內心深處，都有藉以作為「理想」的行動規範。對女兒來說，那件事就是「幫爸爸貼ＯＫ繃」，因為這麼一來，爸爸就可以早一點痊癒，她是在朝著理想的路上邁進。

因為想要往自己心中的理想接近，人類才能持續成長。

小・故・事

之前，女兒要我「畫一隻狗」，但我畫出來的東西怎麼看都像貓……。當時氣氛一陣尷尬，但女兒突然說了一句：「沒問題！這是一隻狗。」只不過，這樣的善意反而讓我更受傷！

三歲十個月

虛榮心是追求理想的動力

虛榮心作祟

最近，女兒的虛榮心作祟。上個月，我寫到她採取行動往自己的理想前進，而虛榮心可說是這件事的延伸。

前幾天，我父母慶祝金婚，邀請了故鄉的親友一起聚聚，其中也包含年紀比女兒大的孩子。或許是因為在意旁人的眼光，女兒很想當個「好孩子」。

在那之後，女兒在家裡的行為也有所轉變。之前，她吃飯往往要花上一個半小時，這也是父母在忙碌早晨的煩惱。現在，她吃飯的速度稍微快了一點。之前洗澡都是我幫她洗，但現在她說：「我自己洗！」虛榮心也是成長之一……但是，因為她不一定能夠洗得很乾淨，所以有時事情會變得有點棘手（笑）。

在女兒心中有著「好孩子」的理想形象，因為有別人在看，所以往理想形象前進的動機變得更強了。相反的，沒人看見的時候，就會草草了事，可說是變得有些狡猾了。

除此之外，女兒看了表哥表姊拿筷子，也跟著學，結果正式脫離學習筷了。刷牙、換衣服和就寢，這些基本生活細節大概都可以自己完成了。因為「虛榮心作祟」，她又成長了一步。

小・故・事

節分時，依照習俗要吃掉與自己歲數一樣多的豆子，但女兒突然把豆子丟到垃圾桶。我嚇了一跳，問她理由。她說「因為爸爸如果吃了四十六顆，應該會吃壞肚子吧」，之後，她似乎被妻子教訓了一頓，只好把豆子從垃圾桶撿起來，放回我的盤子裡。這下應該更容易吃壞肚子了吧（汗）。

三歲十一個月

把理想中的自己轉換成內在人格

即將邁入四歲

女兒即將滿四歲。最近特別值得記錄的變化就是她會「打招呼」了。女兒的班上有很多孩子早就會打招呼了，但女兒總是因為害羞、彆扭，一直學不會……在即將滿四歲的此刻，她終於可以主動打招呼了。我想這也是「成為四歲的姊姊」這個自覺的其中之一。

此外，一如以往，女兒還是很喜歡數字，我突然發現她已經會心算了。像「三十四」這種單純的計算，就算不用手指和鉛筆，也可以瞬間回答出「七」。

「不用動身體就能做事」是人類特有的技能。「默念」這種閱讀文字時不發出聲音的行為也一樣。就算不用手指來計算、不從嘴裡念出來，只要在心中想像做著這些事，就可以計算或讀書。這也算是廣義的「內化」，是身體運動的內化。正在做心算的女兒，可說是不斷進行著身體的內化。

姊姊懊悔的眼淚

此時，也因為「人格內化」後而開始懂得遵守社會的禮儀。以女兒來說，她已經將「四歲女兒該是什麼模樣」內化在自己心中，所以可以照著理想來表現。之前提到的「打招呼」便是其一。

已經學會打招呼的女兒也可以主動說出「對不起」了。

前幾天發生了一件事。早餐時，女兒打翻了味噌湯，她突然說「對不起」，同時哭了出來，這是第一次發生這樣的事。之前，就算邊吃邊玩時把食物打翻了，她也沒有哭。而且這次並不是在玩，而是在認真吃飯，只是稍微打翻。換句話說，她並不是因為被罵才哭，而是因為自己失敗了，感覺很懊悔才哭。這正是因為內心住著無法扮演好的「理想的自己」。

之前，她也曾因為玩牌輸了而懊悔哭泣。但是，一個很大的差異是，這次她輸的對象不是別人，而是自己。「輸給自己」這種感覺也是人格內化的象徵。雖然是匆忙早晨的一個片段，空氣中突然飄散著溫馨的氣息。

小故事

女兒會玩摺紙遊戲了。不知為何，她將自己覺得很得意的紙飛機朝我丟了過來。因為摺得很好，飛機前端尖尖的，當飛機撞到我沒穿鞋子的腳時，實在很痛。女兒啊，你做的不是飛機，而是「會飛的工具」啊（汗）。

四歲
已經習慣這個世界了

「臉」就是一切

女兒畫的畫內容越來越豐富了。特別值得注意的變化是，在人物的臉上，眼球內有白色，也有黑色部分，換句話說，她已經開始畫「瞳孔」了。也因此人物有了「視線」，她比以前更能生動地畫出不同人物的表情。人物有視線這件事，意味著繪畫者畫畫時，能夠站在被畫人物的立場來思考眼神的方向，讓那張畫出現故事性。

人類的臉只占身體表面的二％。聽到這一點，很多人都會感到驚訝，但這也證明了大家平常都注視著臉部。臉雖然只占身體表面的二％，但其肌肉大約有四十五條，相當於全身肌肉的七％。換算下來，臉上肌肉是其他部位的三・五倍。

臉上肌肉之所以這麼發達，是為了做出豐富的表情。正因如此，別人才會很自然地注視臉這個部位。幼兒在某段時期會畫出從臉直接長出手腳這種不可思議的畫，從這種身體被省略掉的人物畫像可知，孩子比大人更重視臉部。

出現「粗心的錯誤」！

這個月還有一個不能錯過的變化，那就是女兒開始出現「口誤」了。比方說，想叫「爸爸」，卻不小心叫成「媽媽」這種語言上的錯誤。

一如在年紀很小的時候把「玉蜀黍」講成「玉米米」，在這種語言能力尚未完全發展時期的口誤，單純只是記憶錯誤，或是因為口齒不清造成的發音錯誤。剛剛那個例子的口誤，經常發生在大人身上，但不太容易出現在年幼的小孩身上，因為孩童時期都會用盡全力來說話。

女兒的「口誤」，正是她已經某種程度習慣這個世界的證據。她不再需要把全身上下所有的精力都灌注在話語中。正因為大腦處理語言時有些草率，才會出現這種「粗心的錯誤」。

「說話」對女兒的大腦再也不是負擔，而已成為自然行為的一環。

緊急的時候可以全神貫注的發揮能力，乃是因為平常可以放輕鬆，沒有投注不必要的心力，而粗心的錯誤也是在放鬆時發生的。女兒使用大腦的方式應該又前進了一步。

小・故・事

女兒說她想喝飲料。我看了一下冰箱，發現有蘋果汁和柳橙汁。但我不慎口誤，說成「要喝蘋果汁還是 Apple Juice」。結果女兒馬上認真地吐我槽：「那不是一樣嗎？」……讓我冷不防受到打擊（笑）。

Column 12

進一步了解！

大人的大腦發育專欄

繪本的記憶

記憶就像軟綿綿的棉花糖，總是那麼不可思議、無法捉摸，一旦逼近抓取，卻又在手中融化，消失無蹤。

棉花糖，湊近放大來看，明明就像長滿針般的粗糙，但距離拉開後，又會覺得它宛如飄在藍天中的白雲。記憶也一樣，不管是多麼痛苦的經驗，過了一段時間後再回頭看，感覺總是非常甜美。

對所有人而言，繪本應該都帶有如棉花糖一般的細膩記憶。在漫長人生的最初幾年，我們接觸了一生中可能接觸到的大部分繪本。繪本是我們與父母的連結、與幻想世界的連結，這些原始體驗，即使在已經長大成人的現在，依舊在我們心中，映照出自己。

剛剛孵化的小雞，會把第一眼看到的對象當作自己的父母，跟在他們後面跑，這就是名為「洛倫茲（Konrad Zacharias Lorenz）銘印」的腦內機制。人類沒有任何一種如此強烈的原始體驗烙印。

但是，曾經有這樣一個實驗。實驗中，拿黃色玩具車給已經會爬行的十個月大嬰兒看。若嬰兒偶然走近玩具，就讓他們喝甜牛奶。一開始對黃色汽車沒有興趣的嬰兒，開始頻頻接近黃色汽車，並「喜歡」上黃色汽車。這種現象稱為「愉快的轉移」，原本黃色汽車本身應該沒什麼價值，但牛奶這種愉快信號變成誘因，讓嬰兒對黃色汽車產生好感。

有趣的是，這個實驗所產生的效果不止如此，它還會出現泛化現象。不只是實驗中使用的黃色汽車，這孩子也會喜歡其他黃色汽車，甚至喜歡所有黃色的東西[146]。

像這樣在年幼時期被深植的「嗜好」，往後也會繼續殘留在大腦中。孩子會喜歡幼稚園的黃色帽子、朝著太陽開的向日葵、咬了就會噴出汁液的黃色檸檬。到了秋天，還會喜歡染黃的銀杏樹葉。即使那個孩子長大之後，也會對他的喜好留下影響。

請大家注意，就算問當事人「為什麼喜歡黃色」，他也答不出來。一歲前的經驗，無法展現在意識上。他長大後應該做夢也想不到自己參加過那場實驗。他無法清楚說明原因，不知為何就是喜歡黃色。那是一股潛在的「親近性」。

繪本就是潛在親近性的結晶。如果大家對繪本都能感受到一股難以形容的溫暖，那就證明了在你幼年時期，父母曾經透過繪本，對你灌注滿滿的愛。

這就是為什麼大家會說「繪本會映照出一個人的過去」。大家都知道，曾經聽父母念繪本的孩子，大腦額葉的活動會非常活躍[147]。親子間的溝通越多，就越能活化大腦。這裡說的溝通，不只是對話，也包含用手指指、相互對視等非語言性的互動。此外，調查結果顯示，父母讀越多的繪本給孩子聽，就越能加深其對孩子的情感[148]。換句話說，繪本是親子心靈共鳴的舞台。

繪本還可以活化另一個重要的大腦特性，那就是「預存知識」，也就是出生前就存在的記憶。就算沒有人教，大腦與生俱來就有某些特定傾向。比方說，嬰兒很喜歡甜食[149]，不管哪一種文化、哪一個民族都一樣，嬰兒與生俱來的喜好全球一致。

不只是甜食，嬰兒都喜歡溫暖的東西、軟綿綿的東西、圓的東西、帶有紅色的東西。他們就是喜歡這些東西，就算沒有人教也一樣。

事實上，長期以來深受喜愛的知名繪本，一定包含這種符合大腦喜好的條件。正因如此，繪本的魅力可以超越國界、超越時代。受觀迎的繪本除了主題、背景和內容很類似，登場角色和妖怪也會有共通性。兒童文學評論家馬奇尼（Tracy Marchini）就曾舉出繪本的九個共通要素[150]。在他的文章中，提到了顏色、形式、節奏感等都包括在內，這些論點可以成立，證明了繪本中有一致的共同點。

若從這個角度重新看待繪本，應該會對之前已經看慣了的圖畫感到一股新鮮感。

棉花糖——軟綿綿、圓滾滾的甜點心。

大家聽到棉花糖會想到什麼呢？我會想到夏天的祭典。

那天晚上，全家一起開心出門時氣氛還算不錯，但不擅長社交的我不是很能享受祭典特有的喧鬧，慢慢的就開始覺得坐立難安，孤立在沸騰的氣氛之外。繞圈跳舞的人臉上的笑容，看起來就像褪色的虛幻影像，我找不到與現實世界的連接點，獨自陷入哀傷的氣氛中。

這個時候，爸爸突然從背後遞給我一個東西，那是純白的棉花糖。那是在黑夜中閃耀著光彩的美麗白雲。不知為何，我那映照著棉花糖的瞳孔，彷彿像擺脫了什麼一般，溢滿溫暖的淚水。

這是我的心靈繪本中不可取代的一幕。

在那之後，過了四十年，現在我已經成了會透過繪本與孩子接觸的父親。有時會因為工作，沒有辦法每天都念繪本給孩子聽，但是我重視繪本的心情不曾改變。女兒也有了自己喜歡的繪本。我大女兒念繪本給小女兒聽的光景，也是無可取代的一幕。

(146) 參考文獻：Watson JB, Rayner R. Conditioned emotional reactions. J Exp Psychol 3:1-14, 1920. 實際執行的實驗是讓人對白色產生恐懼的不人道實驗。當然，現在這樣的臨床實驗會受到倫理規範的限制。本書是以這個實驗為基礎，提出範例。

(147) 參考文獻：Ohgi S, Loo KK, Mizuike C. Frontal brain activation in young children during picture book reading with their mothers. Acta Paediatr, 99:225-229, 2010.

(148) 參考文獻：Lariviere J, Rennick JE, Parent picture-book reading to infants in the neonatal intensive care unit as an intervention supporting parent-infant interaction and later book reading. J Dev Behav Pediatr, 32:146-152, 2011.

(149) 嚴格來說，並不是「因為甜所以喜歡」。即使是舌頭因遺傳而缺少味覺天線的老鼠，都會顯示出對砂糖的喜好。換句話說，並不是大腦想要甜味，而是它本能性的會想要具高營養價值的飼料——「糖分」這種化學物質（參考文獻：de Araujo, IE, Oliveira-Maia, AJ, Sotnikova, TD, Gainetdinov, RR, Caron, MG, Nicolelis, MA, Simon, SA. Food reward in the absence of taste receptor signaling. Neuron, 57:930-941, 2008.）。

(150) 參考文獻：Marchini T, Dragons Can Be Beaten 9 Factors that make a picture book successful. http://tracymarchini.com, Feb 14, 2011.

經常和女兒一起讀的繪本

《好餓的毛毛蟲》(*The Very Hungry Caterpillar*)

艾瑞・卡爾(Eric Carle)/作

中文版由上誼文化公司發行

女兒靠著這本繪本記住一週中的每一天。記住之後,也可以區分明天和後天了。比方說,如果今天是星期四的話,就表示再過兩天,幼稚園就放假了等等。此外,透過「禮拜天還會再回來」,也可以學會週期性。女兒完全想像自己是隻毛毛蟲,樂在其中。

《ぽぱーぺぽぴぱっぷ》

岡崎乾二郎/繪　谷川俊太郎/文

蠟筆屋/發行

已經讀過三百遍了。是由パ行日文字組成的繪本,可以讓我們知道聲音的豐富樂趣。女兒讀給妹妹聽的時候,舌頭還會打結(笑),現在還是我讀得比較好。

《等等我》

中脇初枝／文　酒井駒子／繪

福音館書店／發行

「等等我」的語感很好。女兒到外面去，被鴿子追的時候，會說「等等我」。是容易讓人接受、放在身邊可以溫暖人心的繪本。

《不倒翁》系列

加岳井廣／作

Bronze 新社／發行

一歲時，女兒經常模仿不倒翁的「滾」、「咚」的動作。她是從這本繪本開始模仿其中的人物。

結語
「棉花糖實驗」和四歲的女兒

測試耐心的棉花糖實驗

看到這裡，我想大家已經注意到，在家庭教育上，我最在意的始終是引導孩子以自己的能力，學會以下這些社會人的必備能力：

1 看穿事物本質和規則的「理解力」

2 看清未來，加以準備的「應對力」

3 投資未來自己的「忍耐力」

比方說，在四歲之前培養出足以通過「棉花糖實驗」的能力，就是目標之一。

在棉花糖實驗中，會準備棉花糖等點心，然後跟受測者說「忍耐十五分鐘，就再給你一個」，讓孩子一個人待著[151]。重點是，要將孩子留在什麼都沒有的房間。在極端無聊的狀況下，可以忍住不吃眼前棉花糖的孩子就合格了。

據說，在四歲時通過測試的孩子，占全體的三〇％，而這三〇％的合格者長大之後，多半會過著自己喜歡的人生。事實上，針對合格者進行長達數十年的追蹤調查後，發現他們具有以下特徵：

1 較少有毒癮或賭癮[152]（不會輸給眼前的誘惑）

2 較少肥胖[153]（他們知道吃了之後會有不好的結果，所以可以忍耐）

3 在大學入學考試中得分較高[154]（可以壓抑想玩耍的心情，認真讀書）

4 較早成功[155]（較有自制力的人，工作能力較好，也比較值得信賴）

每一個特徵都源於能夠適度壓抑衝動和慾望的忍耐力。

在四歲這個幼兒期，只有這個實驗法可以預見長大成人後的發展。誠如眾人所知，棉花糖測試操作上非常簡單，以發展心理學來說，是很成功的測試法。而幼年時期學會的自制力對一生都有好處。

這個實驗的重點在於，測試將「眼前的快樂」和「將來的利益」互相比較時，如果將來的利益很大，是否能夠發揮自制力。

比方說，如果將來是「三十秒之後」，很多人都會認為，如果忍住不拿現在的一個棉花糖，三十秒後得到兩個，這個忍耐的價值比較高。但是，如果將來是「二十年後」，就會選擇現在的一個棉花糖。

就像這樣，等待的時間越長，將來的價值就會跟著減少的函數稱為雙曲折現（Hyperbolic Discounting）[156]。棉花糖測試設定在「十五至二十分鐘之後」這個微妙的「將來」。雙曲折現的比例越低，亦即越能投資給未來的自己的人，「忍耐力就越強」。

此外，為了通過棉花糖測試就必須完成「Go／No-Go課題」，即「反應／不反應測試」。「Go／No-Go測試」指的是按照情況，適切控制自己行為的行動課題，與額葉的活動有關[157]。

比方說，孩子都喜歡按按鈕。所以，一開始就跟他們說「紅色或藍色的燈亮的時候，就按下按鈕」，來讓他們按下按鈕，記住規則。因為燈沒有亮的時候就不能按，在這個時間點，「抑制行動」比較容易。

然後，再把難度提高，將規則變成「亮紅燈的時候按，亮藍燈的時候不要按」。孩子會在紅燈亮的時候，一邊說著「紅色要按」，一邊按下按鈕，但藍燈亮時，雖然孩子嘴巴說著「藍色不要按」，但還是會按下按鈕[158]。雖然知道「不該做」，但控制行動對幼兒來說意外的難。能夠做到的，一般來說都是四歲之後。

事實上，孩子通常也都要到四歲，才能通過棉花糖測試。

那麼，怎麼做才能忍住不吃眼前的棉花糖呢？

有些孩子天生就有很強的忍耐力，但對大多數孩子來說，為了讓自制力可以適當發揮功能，需要一點技巧。換句話說，忍耐是可以學習的。

比方說，在做棉花糖測試時，「不看」棉花糖就是很有效的技巧。移開視線，或是把它藏在桌子底下等，只要稍微下一點功夫就可以通過測試。

如果孩子無法自己注意到這些技巧，父母也可以教他們：「如果很想吃，只要把棉花糖藏到看不見的地方就好了。」這就是我所期望的教育方式。父母必須教給孩子這樣的智慧，而不是像學校在教的那種要搶在別人之前的知識填鴨。

大人也一樣，面對很想要、卻猶豫要不要買的東西，若抱著「再一次就好」的心情回到百貨公司，就很難控制想買的衝動[159]。這個時候，唯一的方法就是不要去看。這樣的生活智慧可以從自身經驗、他人的經驗談、教育或媒體來學習。

同樣的，與其說忍耐力是孩子與生俱來的性格，倒不如說是父母是否利用各種直接或間接的方式，仔細地將智慧教給孩子才養成的。

不只是忍耐，也希望孩子了解理由

能夠擁有忍耐力的基礎是觀察現狀的思考能力。

我平常和女兒在做的「約定」和「說明」，就是為了培養她自己理解，並加以判斷的能力。

比方說，「擦了防曬油↓可以到外面去」這個約定，需要了解「為什麼要擦防曬油」。不是毫無疑問地乖乖聽從父母的話，而是希望她在理解「不擦防曬油↓曬傷，等一下洗澡時就會覺得刺痛」這個原因和結果之後，變得可以忍耐。所以，我會很努力地清楚說明不是「想去玩↓必須擦防曬油」，而是「洗澡時會很痛苦↓要擦防曬油」，然後引導女兒，讓她也能夠說出這個理由。

如果平常就很仔細地加以解釋，孩子的理解力往往會超乎我們的預期，也會有堅強的忍耐力。

這個方法有時也能用來處理不要不要期。當孩子任性地說「如果不穿自己喜歡的鞋子就不去」的時候，就必須跟他說明，穿了那雙鞋出去會怎麼樣，比方說「因為下雨，喜歡的鞋子會沾滿泥巴」、「因為走路的地方不適合那雙鞋，腳上會長水泡」等等。然後，再不厭其煩地告訴他「因為現在要去這樣的地方，這雙鞋子比平常喜歡的那雙鞋還要適合」。雖然有時會因此而遲到，但隨著孩子年齡的增長，他理解的次數也會跟著增加。

最初，或許是「因為爸媽開始嘮叨了，不聽不行」，但現在已經可以說出「因為這個理由，所以不行」。無可諱言的，父母也必須確實遵守自己說的話。

最不合理的就是完全沒有理由的忍耐。我會教我的孩子，忍耐有其理由和好處。而且，要引導孩子自己說出忍耐的理由。

為此，我非常重視的就是「開放式問題」。所謂開放式問題就是「為什麼？」、「現在在做什麼？」、「那是怎麼回事？」之類的問題。無法回答這些問題時，就切換成可以用「是」或「不是」來回答的「封閉式問題」。比方說，我會問「無論如何都一定要去動物園嗎？」，讓她從「是」和「不是」中選擇一個答案。如果孩子回答「是」，我會問：「為什麼想去？」再度回到開放式問題。

當然，很多時候孩子會回答出一些不成理由、只是在同一個邏輯上重複的說法（因為想去所以想去）或歪理，即使如此，讓他們自己說明理由還是非常重要。而且這麼一來，父母的壓力也會減少。如果可以了解孩子「無論如何就是不要」，父母也可以針對這種情況來處理，可以避免不分青紅皂白地就把孩子斥責一頓。

來一場正式的棉花糖實驗吧

這四年來，我微不足道的努力應該也開花結果了。

四歲生日之前，在女兒開始自覺到自己「就要變成四歲的姊姊」的某一天，我們做了棉花糖測試。到底女兒能不能忍耐十五分鐘，不吃自己喜歡的東西呢？

女兒不喜歡棉花糖，因此我決定換成她最喜歡的點心，也就是橘子果凍。

那天，像往常一樣和女兒玩著卡片遊戲的我突然跟她說：「今天我買了橘子果凍回來。想吃嗎？」女兒眼睛一亮：「要，太棒了！」

那天是我第一次跟女兒說明棉花糖實驗的規則。女兒到另一個房間，我將果凍分成一半，各別放入兩個碗中，再分別擺上湯匙。

我將其中一個碗交給女兒，跟她說：「妳可以忍耐十五分鐘不要吃嗎？如果可以，另一個碗裡的果凍也可以給妳吃。」然後我就離開座位，將女兒一個人留在房間。房間裡沒有任何玩具或文具，女兒可以忍耐這孤獨的十五分鐘嗎？順帶一提，女兒雖然像鸚鵡一樣跟著我說了一遍「十五分鐘」，但她應該不知道十五分鐘是多長的時間，因為她還不會看時鐘。

我為了讓自己完全消失，一直在和房間有點距離的起居室等待。

在十五分鐘的時間裡什麼都不做地等待，就算對大人來說也是意外的長，她應該會同時感到期待和不安吧。對我來說，每一分鐘感覺都非常漫長。十五分鐘終於過去了，我戰戰兢兢地來到女兒所在的房間。

「咦？妳沒有吃嗎？」我假裝平靜地問。

「嗯，我有忍耐。」

「為什麼？」

「因為想吃很多果凍。」

「妳怎麼忍耐的？」

「因為一直看的話，很可能就會把它吃掉，所以我想著其他開心的事。」她笑著說。

做爸爸的我不禁流下淚水……。

理解力、應對力、忍耐力——。女兒成長得遠比我想像的要堅強許多。

就這樣，來到了女兒四歲的生日。這對她來說是很特別的一天。

三歲之前，她雖然知道「生日」這個詞，但似乎不知道意思。所以，感覺上就像是某天突然到了生日那天，不知為何四周的人都在幫她慶祝。同時，如果別人問她：「從今天開始，妳幾歲了？」她會機械式地回答三歲，而非兩歲。雖說是生日，她的理解大概只有這樣。可說是被動的生日。

不過，四歲的生日完全變了另一個樣子。從幾個月前，她就自覺「自己很快就要四歲了」。所以，隨著生日一天天接近，她也越來越意識到自己該表現得像四歲的姊姊。

她在心裡會想像「四歲可以做這樣的事嗎」，打造出一個理想型，依照規範來行動。

除了對行為舉止的自我監視變得嚴格，她也展現出更多對朋友和父母的體貼。對於小她三歲的妹妹，她雖然還是會吃醋，但不會表現出來，反而更溫柔地對待她。

她每天都在倒數「還有〇天」，終於，期盼許久的四歲生日到了。這是女兒出生後第一次積極迎接的、具有真實意義的「生日」。

給女兒——

恭喜妳四歲了。這四年間，爸爸透過妳的成長學到很多事。謝謝妳。往後，妳應該還會迎接大約一百次的生日。但是，不管幾歲，希望妳都不要忘記持續學習，因為光明的未來正在等著妳。對了，爸爸當然也不會輸給妳，我還要繼續不斷成長。往後，也請多多指教。

爸爸

小・故・事

棉花糖測試隔天，女兒跟我要求：「今天也要玩昨天的橘子果凍遊戲。」她該不會沒有發現自己是在被測試吧（笑）。

註釋

151 參考文獻：Mischel, W. The marshmallow test: understanding self-control and how to master it. Random House, 2014.

152 參考文獻：Casey BJ, Somerville LH, Gotlib IH, Ayduk O, Franklin NT, Askren MK, Jonides J, Berman MG, Wilson NL, Teslovich T, Glover G, Zayas V, Mischel W, Shoda Y. Behavioral and neural correlates of delay of gratification 40 years later. Proc Natl Acad Sci U S A, 108:14998-15003, 2011.

153 參考文獻：Schlam TR, Wilson NL, Shoda Y, Mischel W, Ayduk O. Preschoolers' delay of gratification predicts their body mass 30 years later. J Pediatr, 162:90-93, 2013.

154 參考文獻：Mischel W, Schoda Y, Peake PK. The nature of adolescent competencies predicted by preschool delay of gratification. J Pers Soc Psychol, 54:687-696, 1988.

155 參考文獻：Mischel W, Schoda, Y, Rodriguez MI. Delay of gratification in children. Science, 244:933-938, 1989.

156 參考文獻：Laibson D. Golden eggs and hyperbolic discounting. Quart J Eco 112:443-478, 1997.

157 參考文獻：Casey BJ, Trainor RJ, Orendi JL, Schubert AB, Nystrom LE, Giedd JN, Forman SD. A Developmental functional MRI study of prefrontal activation during performance of a go-no-go task. J Cog Neurosci, 9:835-847, 1997.

158 參考文獻‥Luria AR. The directive function of speech in development and dissolution. Part I. Development of the directive function of speech in early childhood. Word, 15:341-352, 1959.

159 參考文獻‥Loewenstein G. Hot-cold empathy gaps and medical decision making. Health Psychol 24:S49-S56, 2005.

教養生活 051

大腦專家親身實證的早期教養法

讀懂0—4歲的嬰語、情緒與行為，讓父母用腦科學幸福育兒

作　者—池谷裕二
譯　者—吳怡文
副 主 編—郭香君
責任編輯—邱淑鈴
責任企劃—張瑋之
美術設計、內頁插畫—Shana Chi季曉彤
校　對—邱淑鈴

發 行 人—趙政岷
出 版 者—時報文化出版企業股份有限公司
108019台北市和平西路三段二四〇號四樓
發行專線—（〇二）二三〇六—六八四二
讀者服務專線—〇八〇〇—二三一—七〇五
（〇二）二三〇四—七一〇三
讀者服務傳真—（〇二）二三〇四—六八五八
郵撥—一九三四四七二四時報文化出版公司
信箱—10899臺北華江橋郵局第九九信箱

時報悅讀網—http://www.readingtimes.com.tw
綠活線臉書—https://www.facebook.com/readingtimesgreenlife
法律顧問—理律法律事務所　陳長文律師、李念祖律師
印　刷—紘億印刷有限公司
初版一刷—二〇一九年一月十一日
初版二刷—二〇二二年十二月十二日
定　價—新臺幣三八〇元
（缺頁或破損的書，請寄回更換）

時報文化出版公司成立於一九七五年，
並於一九九九年股票上櫃公開發行，於二〇〇八年脫離中時集團非屬旺中，
以「尊重智慧與創意的文化事業」為信念。

大腦專家親身實證的早期教養法：讀懂0-4歲的嬰語、情緒與行為，讓父母用腦科學幸福育兒 / 池谷裕二著；吳怡文譯. -- 初版. -- 臺北市：時報文化, 2019.01
面；　公分. --（教養生活；51）
譯自：パパは脳研究者 子どもを育てる脳科学
ISBN 978-957-13-7671-4（平裝）

1. 育兒　2. 健腦法

428.8　　107022944

ISBN 978-957-13-7671-4
Printed in Taiwan